激光制造技术及应用

主　编　陈玉华　张体明
副主编　吴鸿燕　魏明炜　张世一　郑　敏

国防工业出版社
·北京·

内容简介

激光制造技术是当前工业领域中的一项具有重要影响的加工技术，以其高精度、高效率和高自由度等特点为传统制造技术带来革命性进步。本书全面系统介绍了激光制造的基本理论和技术，重点介绍了激光加工、激光清洗、激光连接、激光熔覆、激光微加工、激光制造过程在线监控等技术。以激光快速成型技术等为例，系统地介绍了新兴激光制造技术在未来工业中的应用。本书可作为材料成型、激光加工、增材制造相关专业本科生、研究生的课程教材，也可以作为从事激光制造技术及应用领域的科研人员的专业参考书籍。

图书在版编目（CIP）数据

激光制造技术及应用 / 陈玉华，张体明主编.
北京：国防工业出版社，2025.1. -- ISBN 978-7-118-13378-3
Ⅰ.TG665
中国国家版本馆 CIP 数据核字第 2024HA5869 号

※

国防工业出版社出版发行
（北京市海淀区紫竹院南路 23 号　邮政编码 100048）
北京虎彩文化传播有限公司印刷
新华书店经售

*

开本 710×1000　1/16　印张 15　字数 264 千字
2025 年 1 月第 1 版第 1 次印刷　印数 1—1500 册　定价 119.00 元

（本书如有印装错误，我社负责调换）

国防书店：(010)68428422　　　发行邮购：(010)68414474
发行传真：(010)68411535　　　发行业务：(010)68472764

前　言

激光制造是一种集光、机、电于一体的先进制造技术，经过几十年的不断创新，已成为现代先进制造技术的代表，在制造产业发展中具有举足轻重的地位，创造了巨大的经济效益和社会效益，并且其应用范围在持续不断扩大。

激光制造技术在原理上可分为材料的去除加工技术（激光切割、激光打孔等）、增材加工技术（激光焊接、激光快速成型等）、表面加工技术（激光熔覆、激光清洗等）、精密微细加工技术（飞秒激光加工、皮秒激光加工等）和激光复合加工技术（激光-电弧复合、激光-等离子复合等）。

为了与有关学者、工程技术人员共同推进激光制造理论与技术的发展，作者参考和综合国内外相关研究成果，编写了本书。本书全面系统地介绍了激光制造的基本理论和技术，重点介绍了激光加工、激光清洗、激光连接、激光熔覆、激光微加工、激光制造过程在线监控等技术。以激光快速制造技术等为例，系统地介绍了新兴激光制造技术在未来工业中的应用。

全书包括 9 章内容。第 1 章由陈玉华执笔，第 2 章、第 6 章由张世一执笔，第 3 章、第 5 章由郑敏执笔，第 4 章由张体明执笔，第 7 章、第 8 章由魏明炜执笔，第 9 章由吴鸿燕执笔。陈玉华、张体明负责全书的统稿。激光制造作为先进制造技术，其相关技术理论、技术方法和工业应用发展迅速，限于编写人员水平，书中不当之处，恳请读者批评指正。

目　　录

第1章　激光制造技术简介 ………………………………………………… 1
1.1　引言 ……………………………………………………………………… 1
1.2　激光器的原理、类型和应用 …………………………………………… 2
　　1.2.1　固体激光器 ……………………………………………………… 3
　　1.2.2　半导体或二极管激光器 ………………………………………… 3
　　1.2.3　气体激光器 ……………………………………………………… 3
　　1.2.4　自由电子激光器 ………………………………………………… 4
　　1.2.5　超高场激光器 …………………………………………………… 4
　　1.2.6　准分子激光器 …………………………………………………… 4
1.3　激光与物质的相互作用 ………………………………………………… 5
　　1.3.1　晶格加热 ………………………………………………………… 5
　　1.3.2　沉积能量的空间分布 …………………………………………… 6
　　1.3.3　激光辐射时的热量传导 ………………………………………… 7
　　1.3.4　激光辐照过程中等离子体的产生 ……………………………… 7
　　1.3.5　超高功率激光辐射影响 ………………………………………… 7
1.4　激光的应用 ……………………………………………………………… 8
1.5　激光辅助材料制造 ……………………………………………………… 8
1.6　激光辅助成型 …………………………………………………………… 11
　　1.6.1　激光辅助弯曲 …………………………………………………… 11
　　1.6.2　激光快速成型 …………………………………………………… 14
1.7　激光连接 ………………………………………………………………… 18
1.8　激光加工 ………………………………………………………………… 19
　　1.8.1　激光切割 ………………………………………………………… 20
　　1.8.2　激光钻孔 ………………………………………………………… 22
1.9　激光表面工程 …………………………………………………………… 23
　　1.9.1　激光相变硬化 …………………………………………………… 24
　　1.9.2　激光表面熔凝 …………………………………………………… 24

V

1.9.3　激光表面合金化 ………………………………………………… 25
　　　1.9.4　激光复合堆焊 ………………………………………………… 29
　　　1.9.5　激光冲击处理 ………………………………………………… 30
　　　1.9.6　陶瓷的激光表面处理 ………………………………………… 30
　　　1.9.7　聚合物的激光表面处理 ……………………………………… 31
　1.10　总结 ……………………………………………………………………… 31
　参考文献 ………………………………………………………………………… 32

第2章　高功率激光在制造中的应用 ………………………………………… 33
　2.1　引言 ……………………………………………………………………… 33
　2.2　高功率激光器的近期发展 ……………………………………………… 37
　　　2.2.1　高功率 CO_2 激光器 …………………………………………… 37
　　　2.2.2　高功率半导体激光器 ………………………………………… 38
　　　2.2.3　Nd：YAG 激光器 ……………………………………………… 41
　　　2.2.4　半导体抽运固态杆式和条状激光器 ………………………… 42
　　　2.2.5　高功率薄圆盘激光器 ………………………………………… 43
　　　2.2.6　光纤激光器 …………………………………………………… 44
　　　2.2.7　陶瓷 YAG 激光 ………………………………………………… 46
　　　2.2.8　准分子激光器 ………………………………………………… 46
　　　2.2.9　高平均功率脉冲激光器 ……………………………………… 47
　　　2.2.10　高速激光器 …………………………………………………… 47
　2.3　激光和材料的相互作用 ………………………………………………… 49
　　　2.3.1　激光在材料中吸收的基本机制 ……………………………… 50
　　　2.3.2　激光束空间特性的影响 ……………………………………… 54
　　　2.3.3　激光脉宽的影响 ……………………………………………… 55
　　　2.3.4　材料去除机制 ………………………………………………… 55
　　　2.3.5　激光材料加工领域的最新发展 ……………………………… 58
　参考文献 ………………………………………………………………………… 61

第3章　激光加工 ……………………………………………………………… 63
　3.1　引言 ……………………………………………………………………… 63
　3.2　工程材料及其加工性能 ………………………………………………… 63
　　　3.2.1　陶瓷 …………………………………………………………… 63
　　　3.2.2　镍基高温合金 Inconel 718 …………………………………… 63
　　　3.2.3　钛及钛合金 …………………………………………………… 63

3.2.4 淬火钢 ·· 64
　　　3.2.5 金属基复合材料 ······························ 64
　3.3 激光辅助制造及原理 ······························ 64
　　　3.3.1 激光辅助制造 ································· 64
　　　3.3.2 非传统激光辅助制造 ························ 66
　3.4 激光辐射的热场分析 ······························ 66
　3.5 激光束辅助提高加工性能 ······················· 71
　　　3.5.1 切削力和切削比能 ··························· 71
　　　3.5.2 材料去除机理和切屑形成 ·················· 75
　　　3.5.3 切屑分割的物理模型 ························ 78
　　　3.5.4 刀具材料及其磨损 ··························· 79
　　　3.5.5 表面质量 ·· 84
　3.6 LAM 的优化和能效 ································ 86
　3.7 LAM 的数值模拟 ···································· 88
　3.8 LAM 的发展趋势 ···································· 88
　参考文献 ·· 89

第 4 章 激光清洗 ··· 90
　4.1 引言 ·· 90
　4.2 激光清洗的特点及分类 ··························· 90
　　　4.2.1 激光清洗的特点 ······························ 90
　　　4.2.2 激光清洗的分类 ······························ 91
　4.3 激光清洗的物理基础 ······························ 92
　　　4.3.1 物质对激光的反射、散射和吸收 ········ 92
　　　4.3.2 污染物与基底的结合力 ···················· 96
　4.4 干式激光清洗的基本原理 ······················· 97
　　　4.4.1 烧蚀效应 ·· 98
　　　4.4.2 振动效应 ·· 98
　　　4.4.3 薄膜弯曲效应 ································· 99
　　　4.4.4 爆破效应 ······································· 100
　4.5 湿式激光清洗的作用机制 ······················ 100
　　　4.5.1 基底强吸收 ···································· 101
　　　4.5.2 液膜强吸收 ···································· 101
　　　4.5.3 基底与液膜共同吸收 ······················· 102

Ⅶ

4.6 激光清洗技术的应用 ··· 102
    4.6.1 激光清洗电子元器件 ··· 102
    4.6.2 激光清洗航空发动机零部件 ··································· 104
参考文献 ··· 105

第5章 激光焊接 107

5.1 引言 ··· 107
5.2 激光焊接工艺的分类 ··· 108
5.3 匙孔形成原理及影响其稳定性因素 ····································· 108
5.4 激光焊接系统 ··· 109
5.5 激光焊接参数 ··· 110
5.6 脉冲激光焊接 ··· 112
5.7 不同材料的激光焊接 ··· 113
    5.7.1 钢的激光焊接 ··· 113
    5.7.2 铝合金 ··· 115
    5.7.3 钛合金 ··· 115
    5.7.4 镍基合金 ··· 116
    5.7.5 异种材料 ··· 116
5.8 激光焊接的局限性 ··· 116
5.9 激光焊接过程控制方法 ··· 116
    5.9.1 焊缝跟踪 ··· 117
    5.9.2 焊接监测系统 ··· 117
    5.9.3 伺服送丝补偿焊缝间隙 ······································· 119
5.10 激光焊接的创新 ·· 119
    5.10.1 激光复合焊接 ·· 119
    5.10.2 感应辅助激光焊接 ·· 120
    5.10.3 飞行焊接 ·· 121
    5.10.4 双光束焊接 ·· 121
5.11 激光钎焊 ·· 121
5.12 非金属材料的激光焊接 ·· 123
    5.12.1 塑料焊接 ·· 123
    5.12.2 激光对金属和塑料的连接 ···································· 123
5.13 激光焊接和钎焊的应用 ·· 125
    5.13.1 医疗器械 ·· 125

5.13.2　汽车车身 ··· 125
　　　5.13.3　锂离子电池 ··· 126
　　　5.13.4　加强筋与机身腹板连接 ··· 127
　　　5.13.5　太阳能板中 Cu/Al 板与 Cu 管的焊接 ························· 127
　　　5.13.6　激光复合焊接管道 ··· 128
　参考文献 ·· 129

第6章　激光熔覆现状及应用 ·· 130
　6.1　引言 ·· 130
　6.2　激光熔覆基本原理 ·· 130
　　　6.2.1　激光熔覆的优点 ··· 130
　6.3　激光熔覆工艺原理 ·· 131
　　　6.3.1　激光熔覆基础 ··· 131
　　　6.3.2　激光熔覆工艺原理及对材料的要求 ································ 133
　　　6.3.3　送粉工艺分类 ··· 134
　6.4　激光熔覆材料 ··· 137
　　　6.4.1　材料分类 ··· 137
　　　6.4.2　熔覆层微观结构 ··· 137
　6.5　激光熔覆的应用 ·· 138
　6.6　激光熔覆发展趋势 ·· 141
　　　6.6.1　微型激光熔覆 ··· 141
　　　6.6.2　新型材料 ··· 141
　6.7　激光增材制造 ··· 143
　参考文献 ·· 143

第7章　激光微加工现状及应用 ·· 145
　7.1　引言 ·· 145
　7.2　脉冲激光的产生与物质相互作用 ··· 146
　　　7.2.1　增益开关 ··· 146
　　　7.2.2　Q-开关 ··· 147
　　　7.2.3　空腔倾倒 ··· 148
　　　7.2.4　锁模 ·· 149
　　　7.2.5　主动锁模 ··· 151
　　　7.2.6　被动锁模 ··· 151
　　　7.2.7　短脉冲与物质间的相互作用 ··· 152

IX

7.3 激光辅助微加工工艺 …… 154
　　7.3.1 材料去除实现结构化 …… 154
　　7.3.2 叠层制造 …… 159
　　7.3.3 纳米结构化 …… 162
7.4 激光微加工的应用 …… 164
　　7.4.1 心血管植入物 …… 164
　　7.4.2 太阳能电池加工 …… 166
　　7.4.3 加工喷嘴 …… 167
参考文献 …… 168

第8章 激光制造过程的温度监控 …… 169
8.1 引言 …… 169
8.2 测温的理论背景 …… 169
　　8.2.1 单色高温计 …… 170
　　8.2.2 通过多波长测温还原实际温度 …… 170
8.3 诊断设备 …… 171
　　8.3.1 高温计性能数据 …… 171
　　8.3.2 红外相机 FLIR Phoenix RDAS™ …… 172
　　8.3.3 CCD 照相机诊断工具 …… 172
8.4 温度测量及主要影响因素 …… 173
　　8.4.1 毫秒级脉冲和脉冲周期激光作用的表面温度变化 …… 173
　　8.4.2 激光焊接 …… 178
　　8.4.3 激光熔覆 …… 184
　　8.4.4 选区激光熔化 …… 193
参考文献 …… 196

第9章 新兴激光制造技术在未来工业中的应用 …… 197
9.1 引言 …… 197
9.2 激光快速制造 …… 197
　　9.2.1 镍基合金-6衬套激光快速制造 …… 199
　　9.2.2 激光快速制造低成本刀具 …… 200
　　9.2.3 激光快速制造多孔材料 …… 201
　　9.2.4 双金属元件的激光快速制造 …… 205
　　9.2.5 激光快速制造 Inconel-625 和 316L 型不锈钢构件的力学性能 …… 211

  9.2.6 结果预测 ··· 213
9.3 激光表面重熔处理增强奥氏体不锈钢的抗晶间腐蚀能力 ············ 213
  9.3.1 304 不锈钢的激光表面处理 ·· 213
  9.3.2 316(N)型不锈钢焊缝金属的焊后激光表面处理 ··············· 214
  9.3.3 304 不锈钢的焊前激光表面处理 ····································· 215
  9.3.4 结果预测 ··· 218
9.4 汽车零部件的激光表面冲击强化以提高其疲劳性能 ···················· 218
  9.4.1 用脉冲 Nd：YAG 激光器进行激光冲击强化 ······················ 219
  9.4.2 结果预测 ··· 219
9.5 CO_2 激光-GTAW 复合焊 ·· 220
  9.5.1 复合焊中钨极氩弧(GTA)与激光产生等离子体的
     相互作用 ··· 220
  9.5.2 结果预测 ··· 220
9.6 金属板的激光型材切割 ·· 221
  9.6.1 大功率调制激光穿孔提高型材切割效果 ·························· 221
  9.6.2 激光功率调制对周期性功率波动的不利影响 ··················· 223
  9.6.3 使用功率调制的激光切割来提高切边质量 ······················ 224
  9.6.4 中厚钢板激光辅助氧气切割 ·· 226

参考文献 ·· 227

第1章 激光制造技术简介

1.1 引　言

　　激光是一种相干且单色的电磁辐射源，能够直线传播，因此具有多样化的应用。高功率激光可以实现各种制造操作或材料加工。本章介绍了激光材料加工的原理，并概述了激光在材料加工领域的工程应用。本章所述的激光制造技术主要分为四大类，即激光辅助成型、连接、加工和表面工程。本章简要介绍了不同类型的激光及其一般应用、激光与物质相互作用的基本原理和激光材料加工的分类。激光是"光的受激发射增强"（light amplification by stimulated emission of radiation），是一种相干且单色的电磁辐射源，其波长范围从紫外线到红外线。激光器可提供极低（mW）到极高（1~100kW）的聚焦功率，通过任何介质在特定基材上实现精确的光斑尺寸和空间/时间分布，激光器在不同的材料加工领域具广泛的应用。

　　激光理论的基础是由爱因斯坦奠定的。随后，Kopfermann 和 Ladenburg 首次通过实验证实了爱因斯坦的预言。1960年，Maiman 发明了首台红宝石激光器，并因此获得了诺贝尔奖。随后，设计制造出了几种具有更好可靠性和耐久性的新型激光器，如半导体激光器、Nd∶YAG 激光器、CO_2 气体激光器、染料激光器以及其他类型的气体激光器。到20世纪70年代中期，开发出了能够在切割、焊接、钻孔和熔化等工业中应用的可靠性更高、功率更大的激光器。在20世纪80年代至90年代初期，激光器成功地应用于加热、熔覆、合金化、施釉和薄膜沉积等领域。

　　根据所需的激光类型和波长，激光介质可以是固体、液体或气体。不同类型的激光器通常根据活性介质的状态或物理特性进行命名。因此，有玻璃或半导体激光器、固态激光器、液体激光器和气体激光器。气体激光器可以进一步细分为中性原子激光器、离子激光器、分子激光器和准分子激光器。典型的激光器类型包括：①固体激光器或玻璃激光器（Nd∶YAG、红宝石）；②半导体激光器或二极管激光器（AlGaAs、GaAsSb 和 GaAlSb）；③染料激光器或液体激光器（染料溶解于水、酒精或其他溶剂）；④中性或原子气体激光器（He－Ne、铜或金蒸气）；⑤离子激光器（Ar^+ 和 Kr^+）；⑥分子气体激光器（CO_2 或 CO）；⑦准分子激光器(XeCl 和 KrF)。目前可用的激光波长覆盖了从远红外到软 X 射线的广泛光谱范围。

1.2 激光器的原理、类型和应用

激光器由 3 个主要组成部分构成,分别为增益介质、增益介质激发装置以及传输/反馈系统。为了方便材料加工,还需要辅加冷却镜片、光束定向装置和操纵装置等。图 1.1 展示了 CO_2 激光产生示意图。如图 1.1(a)所示,激光器装置由 3 个主要部分组成:CO_2 增益介质、带有两个镜片(镜片 1 和 2,位于两端)的光学谐振器或腔体,以及一个向增益介质提供能量以激活 CO_2 进入放大状态的能量源或抽运源。增益介质的化学形态(组成、键能、带隙等)决定了输出光束的波长。在两个镜片之间,一个是完全反射的,另一个是部分反射的。根据量子力学理论,当外部能量被供给给原子或分子时,受激物质达到激励态或高能态(E_2)后,通过发射光子(v)释放能量而立刻自发转变回基态(E_1):

$$v=(E_2-E_1)/h \tag{1.1}$$

式中:h 为普朗克常量。这种现象称为自发辐射,随后可能会激发另一个原子,被激发出的原子通过发射光子退激发到较低的能级。这个过程在初始阶段是随机发生的,并且可以自发进行(图 1.1(b))。然而,激发出的辐射与激发源相

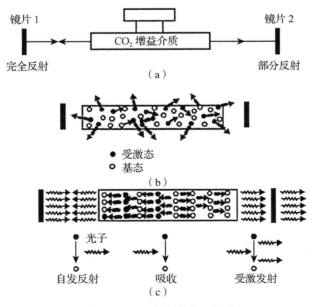

图 1.1 CO_2 激光产生示意图
(a)设备主要组成;(b)介质中原子激发和退激发;(c)受激发射和激光束的形成。

干,因此两者之间的波长、相位和偏振是相同的。为使基态原子激发到高能态,光子和基态原子相互作用时可能被基态原子吸收,这种情况称为"粒子反转",由抽运源产生。沿光轴移动的光子与大量激发态的原子相互作用,激励激发态原子并使自身能量放大。这些光子通过共振镜向前后反射并通过激励介质产生更多的光子。在每一次循环过程中,一部分光子通过透射镜后成为强激光束(图 1.1(c))。最后,激光束通过反射镜和棱镜传导至工件上。除 CO_2 外,活性介质还可以是固体(如 Nd:YAG)、液体(染料)或其他气体(如 He、Ne 等)。此外,还有一种自由电子激光器,利用经过磁性装置(调制器)加速运动的电子束作为活性介质,产生周期性磁场。下面简要介绍除了 CO_2 激光器外的一些常用激光器特点,以供参考。

1.2.1 固体激光器

基于掺钕钇铝石榴石(Nd:YAG)的激光器是最常用的固体激光器之一,其中钕原子以三价态的形式存在于钇铝石榴石晶体($Y_3Al_5O_{12}$ 或 YAG)中,通过闪光灯和弧灯照射材料实现激发。该激光器在连续波长模式下的输出功率范围从几瓦到几千瓦。脉冲激光器的能量输出范围从几毫焦到几十焦,总效率约为 2%。Nd:YAG 激光器普遍用于材料加工(切割、打孔、焊接、打标、表面工程)、医疗(内窥镜手术)和军事(远程测距仪)等领域。与 CO_2 激光器相比,Nd:YAG 激光器的主要优势在于其较小的波长($1.06\mu m$)和通过光纤传输激光的能力。目前,人们正在尝试引入含感光剂原子的新型活性材料,用以吸收更大比例的抽运辐射并将其传递至活性原子,从而提高激光器的整体效率。

1.2.2 半导体或二极管激光器

早在 1962 年,人们就证实了激光可在低温下产生于 GaAs 和 GaAsP 二极管中,在那个时期,二极管激光器的应用受限于输出功率不足。然而,半导体激光器小巧的尺寸、轻量化、高效率和可靠性强等独特优点,使其作为固体激光器的抽运源而应用于材料加工领域。更常用的二极管激光器基于三元化合物的双异质结,如 AlGaAs(p 型)和 GaAs/GaAlAs(n 型),此类激光通过导通带的电子和绝缘带的空穴重组产生受激辐射,并且多个安装在多通道散热器中的二极管条相互堆叠,可进一步提高功率。与 CO_2 激光器和 Nd:YAG 激光器相比,二极管激光器由于安装和维修成本较低、效率更高、在材料加工领域具有潜在的应用前景而越来越受欢迎。

1.2.3 气体激光器

就目前的情况而言,CO_2 激光器由于其在连续模式下具有更高的电能转换效率(15%~20%)和更高的功率(0.1~50kW)而成为所有应用于材料加工的激光器中发展最早且最受欢迎的激光器之一。尽管由于波长较长(10.6μm),导致 CO_2 激光器与金属作用时的能量利用率较低,但较高的电能转化率(约为12%)、光谱响应率(约为45%)以及高功率的能量输出弥补了激光与物质能量耦合效率低的问题。另外,Nd:YAG 和红宝石激光器的波长较短,更适合于熔深大、加热区小的短脉冲模式及精加工特殊用途的材料。然而,由于 CO_2 激光器庞大的体积以及操作和维护的复杂性,导致人们将注意力转向了固体激光器。

1.2.4 自由电子激光器

自由电子激光器能够产生从微波到真空紫外区域的整个电磁光谱范围内的激光,平均功率为千瓦级,峰值功率可达几千兆瓦。目前,自由电子激光器正朝着更高的平均功率和更短的波长两个主要方向发展。自由电子激光由通过周期性磁场传播的电子束组成,这种周期性磁场称为摇摆器或者振荡器。振荡器也用于非相干同步辐射光源。激光产生于摇摆器和辐射结合而产生的热波,热波的传播速度比光速要小,但是能和电子的速度同步。自由电子激光器具有连续可调谐性,峰值功率和平均功率都很高,并能产生多种脉冲形式。这种激光器的平均功率可以进一步提高,在连续模式下,这种激光器在波长为 3μm 时,产生的平均功率已经达到了 1.7kW。在红外区域,1ms 的脉冲下产生了大约 2kW 功率。高平均功率目标是在红外线到紫外线波段中达到几十千瓦的平均功率。由射频直线加速器驱动的振荡器最有可能产生自由电子。

1.2.5 超高场激光器

在过去的 10 年中,人们对超高功率的短脉冲激光器的研制取得了巨大进展。常见的超高场激光器主要有两种类型:一种是脉冲持续时间很短(几十飞秒),产生能量高达 1J 并且可以达到较高脉冲频率(通常为 10Hz)的拥有宽增益带的钛:蓝宝石(TIS)激光器;另一种是光束能量高,能量密度可达 $10^{25}W/m^2$,脉冲宽度相对较大,约为几百飞秒,脉冲频率相对较低的钕玻璃激光器。

1.2.6 准分子激光器

气体激光器利用不稳定分子作为激发材料,激光形成与激发放电相似。这些不稳定的分子由惰性气体原子(如 Ar、Kr、Xe)和卤素原子(如 F、Cl、Br)结合形成。激光的平均功率在工业设备中可达数百瓦级别,即每脉冲能量的脉冲,在脉冲频率为 100Hz 范围内时,利用效率可达 4%,并且耐腐蚀材料的应用显著提高了放电管的使用寿命。这些激光器主要用于紫外光谱波长范围内的光谱、光化学实验以及表面处理。

1.3 激光与物质的相互作用

激光在材料表层区域与材料的相互作用产生了巨大的加热和冷却速率（$10^3 \sim 10^{10}$ K/s），而总辐射能量通常仅为 $0.1 \sim 10 \text{J/cm}^2$，并不足以在大范围内影响材料基体的温度。因此，在一些极端条件下，对材料的表层进行处理并不会影响基体性能。

1.3.1 晶格加热

所有激光辅助材料成形的初始阶段都涉及激光辐射与金属内电子的耦合作用。最初，电子通过吸收入射激光束的光子从导电价态跃迁到更高的能态，以这种方式被激发的电子以各种方式释放多余的能量，例如，当电子吸收的能量足够大时，就可以从金属基体中脱离，引发光电效应。然而，大多数用于材料加工的激光所释放的光子能量相对较低。CO_2 激光器的光子能量仅为 0.12eV，而从 Nd:YAG 激光器吸收的光子能量也仅为 1.2eV。因此，吸收了 CO_2 激光器或 Nd:YAG 激光器光子的电子没有足够的能量从金属表面脱离。电子在被光子激发后必须释放能量以返回平衡态，这种释放能量的现象发生在激发态电子被晶格中的非线性缺陷（如晶体中的位错和晶界散射）之后。无论以何种方式，都是为了将电子从激光束中获得的光子能量转化为热能，用于材料加工。

图 1.2 为激光与物质相互作用过程中电子激发和载流子弛豫示意图。光子与物质的相互作用通常发生在波长从红外区 10μm 到紫外区 0.2μm 范围内的价带和导带。吸收 $0.2 \sim 10$ μm 波长的光子会导致金属内部发生带内跃迁（自由电子）以及半导体内发生带间跃迁（价传导电子）。能量从吸收到转变成热量会出现如下转变：① 价态或导态电子的激发；② 激发态电子和光子在 $10^{-11} \sim 10^{-12}$ s 的相互作用；③ 电子和电子或电子和等离子体相互作用；④ 在 $10^{-9} \sim 10^{-10}$ s 内电子空穴重组（即俄歇过程）。在金属内部，激光的吸收主要发生在导带区的自由载流子中，由于发生光电反应，激光束的能量几乎瞬时被传导到晶格中。

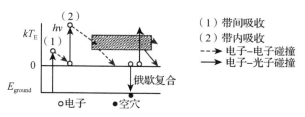

图 1.2 激光与物质相互作用过程中电子激发和载流子弛豫示意图

1.3.2 沉积能量的空间分布

对于初始强度为 I_0 的正常入射激光束，z 深度处的激光束强度 I_0 为

$$I(z,t) = I_0(t)(1-R)\exp(-\alpha z) \tag{1.2}$$

式中：I_0 为入射强度；t 为时间；R 和 α 分别为光的反射率和吸收系数。由于金属对激光的吸收系数非常高（约为 10^8 m^{-1}），在激光入射至材料表层深度为 $10\sim20\text{nm}$ 时，激光基本被完全吸收。激光能量的利用率取决于材料对激光的反射率 R。金属材料对短波长的激光反射率相对较低，随着激光波长的增大，R 值急剧增大后基本保持不变。

将激光与电子束和离子束的能量沉积分布进行对比，电子束辐射至物质表面的能量沉积分布可由高斯函数表示为

$$I(z,t) = I_0(t)(1-R_\text{E})f_\text{E}(x/x_\text{P}) \tag{1.3}$$

式中：R_E 为电子束的反射率；x_P 为与峰值强度重合的距离；$f_\text{E}(x/x_\text{P})$ 为电子束空间能量沉积分布。沉积分布取决于能量损耗，也就取决于入射能量和原子序数。因此，相比于材料表面加工，电子束更适用于大熔深的焊接加工（图1.3）。在离子束辐照中，离子束浓度 C 并不与上表面重合，而是位于下表面，如下所示：

$$C(z) = \frac{Q_\text{T}}{\sqrt{2\pi}\Delta R_\text{P}}\exp\left[-\left(\frac{z-R_\text{P}}{\sqrt{2}\Delta R_\text{P}}\right)^2\right] \tag{1.4}$$

式中：$C(z)$ 为样品在垂直距离 z 处的离子束浓度；R_P 为辐照距离；Q_T 为离子的量。

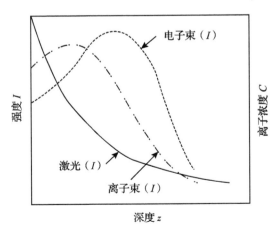

图 1.3 固体物质分别经激光、电子束和离子束辐照后的辐射能量强度（I）、浓度（C）随深度的空间分布

1.3.3 激光辐射时的热量传导

通常情况下,激光辐射的沉积能量在比脉冲持续时间或激光作用时间更短的时间尺度内转化为热能。由此产生的温度分布取决于激光辐射过程中的沉积能量分布和热扩散率。热扩散率 D 与热导率 k 和比热容 c_P 的关系如下所示:

$$D = k/(\rho c_P) \tag{1.5}$$

式中:ρ 为密度。在脉冲持续时间 t_P 内,垂直方向距离 z 的热扩散可由 $z = (2Dt_P)^{1/2}$ 表示。因此,z 与激光吸收深度 α^{-1} 的关系决定了温度曲线。对于金属材料而言,激光辐射过程中 α^{-1} 比 z 的影响要小得多。

在一维热导模型下,热平衡可以表示为

$$\rho c_P \frac{\partial T(z,t)}{\partial T} = Q(z,t) + \frac{\partial}{\partial z} k \frac{\partial T(z,t)}{\partial z} \tag{1.6}$$

式中:T 和 Q 分别为给定垂直深度的距离 z 和时间 t 下的温度和能量密度。Q 和 z 的函数关系如式(1.2)所示。如果耦合参数(α 和 R)和材料参数(ρ、k 和 c_P)不随材料的相变和温度的变化而变化,则热平衡方程式(1.6)可以通过解析求解。然而,在材料固态加工过程中,相变是不可避免的。因此,热平衡方程需通过数值分析,如限差分或体积控制法进行求解。

根据温度分布可知,受辐射的材料可能仅经历加热、熔化或汽化过程。在表面熔化和随后的再凝固过程中,固液界面最初远离表面,然后以高达 $1 \sim 30$ m/s 的速度返回表面。界面速度由 $v \propto (T_m - T_i)$ 决定,其中 T_m 和 T_i 分别为熔点和界面温度。

1.3.4 激光辐照过程中等离子体的产生

在激光加工过程中,材料蒸发的过程是非常重要的,如激光打孔、激光切割、在活性气体氛围中激光诱导表面化学反应。激光在不同的实际应用过程中都会出现一个相同的现象就是产生带电的蒸气流。离子蒸气不仅包括电子和简单的离子,还包括大量带电的金属颗粒以及带电的氧化物和氮化物,其运动方式类似于库仑颗粒。它们可能组成类似库仑液体和库仑固体的复杂物质,有时会产生一些其他影响并显示出新的性能。例如,等离子体,这种称为"多尘"或者"胶体"的等离子体已经在许多研究中提及。

1.3.5 超高功率激光辐射影响

当激光的强度非常高时,激光与物质的相互作用不同于低强度激光。例如,金属中的电子通过高强激光辐射产生的高频振荡电场所获得的能量大约为

10MeV,其中激光强度为 $10^{24} W/m^2$。获得如此高能量的电子将发生轫致辐射或者会继续辐射出能量足以诱发原子核反应的 γ 射线。电子可以被强激光脉冲产生的等离子体波加速到100MeV,这些相互作用也可以产生高能质子束,应用于时间分辨成像和断层扫描。超高场激光器用于将材料压缩到超高压力然后表征其热力学状态和传输性能。当一个超高功率脉冲激光聚焦到稠密等离子体时,将产生 $10^9 G$ 的磁场,这已经通过计算机模拟和分析计算得到了证实。这些磁场预计存在于局部高密度区域的表面,这些区域的激光频率和等离子体频率相等并且吸收了大部分的激光。

1.4 激光的应用

图1.4简单罗列了激光在人类社会中的应用。在激光应用中最关键的因素往往是输出功率,如原子聚变和同位素分离。激光的单一性、相干性(在污染检测、速度和位移测量以及干涉等领域应用)、低发散性(激光演示,指引和引导以及自动播放等)是激光使用广泛的原因。因此,在过去的几十年里,已经开发了一种能够提供各类波长、能量、光谱分布、功率的激光器。

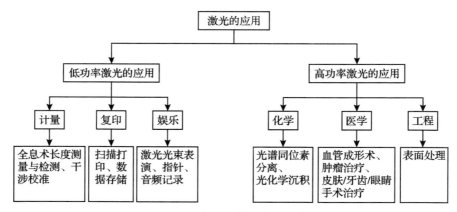

图 1.4 激光在人类社会中的应用

1.5 激光辅助材料制造

激光辅助材料加工具有独特优势,如加工速度快、自动化程度高、能够非接触加工、无需后续处理、加工成本降低、产品质量较高、材料利用率高以及热影响小等,使得激光在材料加工中的应用需求越来越广泛。图1.5展示了一些激光辅助材料加工技术。一般来说,激光辅助材料加工技术可以划分为两种类型。第一类能量输入较低,在短时间内涉及单个或者多个相的变化,使材料在体积/面积改变较小时微观组织发生变化但材料状态不发生改变，如薄膜切割和集成电路基板划线刻蚀。第二类能量输入较高，用于在较大的范围内改变材料状态，如激光切割、激光焊接、激光表面硬化、激光表面合金化以及激光熔覆。在第一类中，能量输入相对较低，而第二类的能量输入则较高，所以在短时间内，会发生单个或多个相变。几乎所有类型的激光器都有连续波和脉冲波两种模式，并能提供合适的功率、加工作用时间或特定波长。

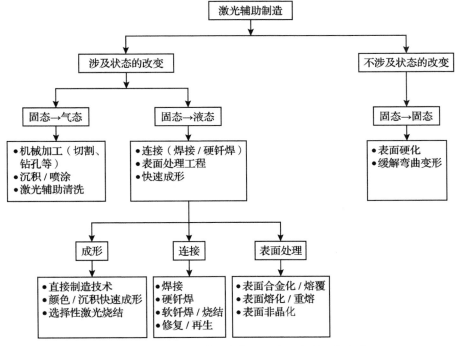

图1.5　激光辅助材料制造在工程应用中的一般分类

根据材料发生相变和材料状态的变化来对激光进行分类的方法太过于刻板。从应用的角度来分类，可以将激光材料加工分为四类：成形（改变材料的形状，制造复合构件以及用于加工零件）、连接（通过熔化焊或者钎焊用于连接两个构件）、机械加工（通过切割打孔等方式去除材料）以及表面处理（在对表面层进行处理）。

不同激光功率和作用时间运用于不同的加工工艺，如图1.6所示。加工方式主要分为三种，即加热（没有熔化和蒸发）、熔化（没有蒸发）和蒸发。研究表明，相变硬化、弯曲变形以及磁畴控制都是基于材料表面加热但不熔化的低功率激光加工方法。另一方面，激光表面液化、玻璃化、熔覆、焊接和切割都牵涉到材料的熔化，因此，需要高的功率密度。同时，切割、钻孔以及类似的加工方法都是通过蒸发的方式将材料去除，需要在一个较短的脉冲内输入大功率密度的激光。由于所有材料的激光加工都可以通过激光功率密度和加工时间的恰当组合来定义,因此,为了简化和方便,有人试图将两个参数合并成一个加工参数,即能量密度(功率密度/时间、J/mm^2)来进行描述。然而,这种尝试被证明是不可取的,因为一个量子的能量、量子的作用时间和量子与物质的相互作用(不是作用产物)是改变给定材料的微观组织、相结构、状态的关键因素。例如,应用 $10^{-2}J/mm^2$ 的能量进行加工时,既有可能造成材料的表面硬化($10^2 W/mm^2$ 的功率作用时间为 $10^{-4}s$),也有可能造成材料表面熔化($10^4 W/mm^2$ 的功率作用时间为 $10^{-6}s$)。

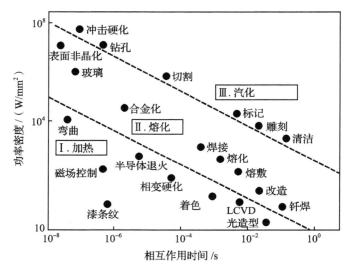

图 1.6　不同类型激光加工材料的激光功率密度与相互作用时间之间的示意图

在激光辅助制造过程中,高功率的激光需要与工件之间保持相对快的移动速度。工件通常固定在工作台上,在计算机的精确控制下,工作台能够沿着两个相互正交的方向以恒定的速度进行移动。所以,激光器通常保持不动,而工件高速运动。在激光和材料的多种变量中,不论是独立的或者是相互影响的,都在影响加工区域的最终性能和特点中扮演重要的角色。独立的变量有激光的功率、光斑尺寸、光斑焦距、工件的运动速度、表面粗糙度、温度以及工件的表面状态。不独立的变量有吸收率、覆盖率、位置、表面和近表面的微观组织、硬度、残余应力、热影响区尺寸、物理性能、力学性能和工件的电化学性能。

用于熔化金属材料表面的激光通常需要较高的功率,这是因为金属对激光的反射率和金属的热导率较高。金属表面的反射率与金属材料的电导率有关。光束尺寸决定了试样表面的功率密度(功率密度由激光功率除以照射到试样上的光束横截面积)。如前面所解释的,采用激光加工材料时,激光功率密度与作用时间的选择需仔细考虑,因为它们的选择关系到材料的加工范围、加工的成功与否以及加工的性能。

在激光加工过程中,光束剖面在决定作用区中能量分布时起着重要的作用。4种类型的光束剖面,即高斯光束、多模光束、正方形(或矩形)光束和顶帽光束在材料加工中应用广泛。高斯光束适合于切割和焊接,而不适合用于表面处理,因为它作为一种"利器",容易使母材蒸发和熔化。与此相反,多模光束、顶帽光束和矩形光束("钝工具")适合于表面工程。这些光束剖面展现了覆盖率适当、硬度层均匀的表层形貌。方形和矩形光束是通过使用光学积分器或扫描仪产生的。

1.6 激光辅助成型

高功率激光束可以作为热源加工具有一定尺寸形状、设计理念和性能的零件。激光材料加工使原料直接加工到成品件而无需任何复杂的中间操作具有了可能性。一步法生产是最具吸引力的,与其相关联的涉及多个中间阶段的一般加工路线相比,它在时间、成本、材料和人力资源上都显然更加经济。通过热应力辅助变形(弯曲)可以实现激光成形,通过粉末或金属丝快速成型生成部件。这些过程不同于其他激光材料加工方法,其单步制造的成品或半成品,不需要任何其他(如机械加工、连接或表面处理等)中间加工步骤。我们将讨论常规制造工艺中的全部激光辅助成型方法,如激光成形。在本节中,将详细讨论激光辅助制造技术,如激光弯曲以及激光直接制造技术。

1.6.1 激光辅助弯曲

激光辅助弯曲是没有任何外部机械力作用下,通过激光辅助加热产生的残余热应力改变金属薄片曲率。通过相似的激光非接触加工,激光辅助弯曲也常用于矫直薄板。由于非接触型加工的方便性和灵活性,激光辅助弯曲适合精确制造各种类型尺寸的零部件。激光辅助弯曲涉及由激光照射产生的热分布和热应力之间的复杂相互作用,而这一过程又取决于诸多参数,如激光功率密度、脉冲时间、材料特性(温度、物理或化学性能)以及工件的几何结构(厚度、曲率等)。难以弯曲的金属(体心立方(BCC)或密排六方(HCP))、金属间化合物、复合材料和陶瓷材料已经为激光辅助弯曲的商业化提供了巨大的推力。半导体和聚合物片材激光弯曲的成功对半导体和包装行业来说有很大的意义。

激光辅助弯曲有3种机制,即温度梯度机制、失稳机制和镦粗机制。许多应用涉及这些机制的复杂组合。

1)温度梯度机制

当金属片有一个急剧的温度梯度时触发温度梯度机制,主要在光斑直径与金属板的厚度或宽度一致或其移动速度足够快以至于能达到一个急剧的温度梯度时发生。

2）失稳机制

失稳机制发生需满足以下条件：光束直径大于金属板的厚度，光束的强度剖面是高斯剖面或多重高斯剖面，并且加工时间要短，从而使得整个金属板厚度方向温度梯度较小。

3）镦粗机制

镦粗机制发生在激光光束直径等于或小于金属板厚度且移动速度极低时。在较低的加工速度下，整个金属片几乎受热均匀。由于温度上升，流动应力在加热区减小，并且热应力接近弹性极限。额外的加热导致了受热区的塑性压缩，同时周围母材阻碍了受热区的自由膨胀。因此，大部分的热膨胀转换成塑性压缩。冷却过程中的材料收缩和塑性压缩应变仍保留在母材中，其原理与温度梯度机制完全相同。由于体积恒定，在压缩区域中片材的厚度会增加。

激光弯曲的概念可以扩展到车体焊接组件的矫直，以减少焊接和拉伸时所产生的失真。激光弯曲可与传统的成形加工相融合，使传统高速弯曲与精密激光成形无需任何特殊设备就可以结合。在激光辅助深冲压中，激光束被用于将导线加热到临界温度，以便使金属丝软化并且更容易变形。通过预设进料器和牵拉辊的工作速度以保证送丝与牵引速率恒定来实现所需拉伸比。

激光参数的预测/优化可以通过详细的理论模型来实现。Marya 和 Edwards 使用具有高斯热源的传导模型分析了两块钛合金薄板的激光弯曲，对 Ti-6Al-2Sn-4Zr-2Mo（近-α合金）和 Ti-15V-3Al-3CR-3SN（β合金）的温度与弯曲角度进行了预测，并发现其与工艺参数密切相关。用 AISI304 奥氏体不锈钢导线（直径为 0.1mm）的弯曲行为来开发复杂的框架结构。除了能制造所需的复杂形状，它也提高了框架结构的强度。使用二氧化碳连续激光对不同厚度的 AISI304 不锈钢进行激光弯曲的研究表明，弯曲率会随激光功率密度的增加而增加，并且照射次数越多效果越显著。但是应选择激光功率密度的最佳范围，以便使所施加的激光功率密度能够使材料弯曲但不会导致其熔化、蒸发或形成弹坑。照射次数的增加导致热应力的累积，从而提高曲率。每次产生的热应力是与热梯度成正比的。此外，每次照射后材料流失导致连续几次照射后弯曲区域的截面厚度逐渐减小。通过分析弯曲表面不同区域的微观结构以及激光参数对其组织结构的影响，可以用于弯曲机制的分析。图 1.7（a）~（c）示出了 AISI304 不锈钢在激光功率密度为 $19.6×10^7 W/m^2$、扫描速度为 4 m/min 以及照射 10 次的情况下，照射区域的微观结构（即弯曲内侧）、固液界面和照射区的热影响区。图 1.7（a）表明，激光照射引起表面附近区域熔化和高速淬火，在临近表面的区域形成了非常细小的等轴晶。激光弯曲能够细化微观组织并在保证内侧材料延展性的前提下提高其强度。虽然照射区域发生熔化，但随后会迅速凝固形成一个无缺陷的连续重熔区(图 1.7(b))。很显然，精细枝晶在固液界面形成并生长。狭窄热影响区的显微组织显示，晶粒粗化是因为热流超出了表面薄层的湿润区域(图 1.7(c))。该弯曲区域的 X 射线衍射分析表明，相基本无变化，但是由热效应引起的晶格畸变导致测量的峰值宽度变宽。

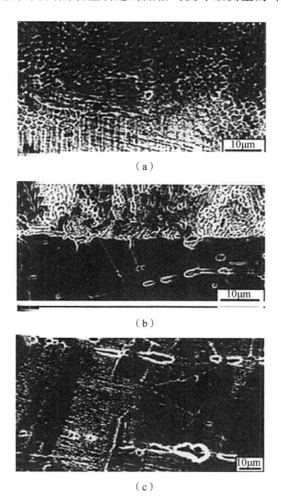

图 1.7 AISI304 不锈钢在激光功率密度为 $19.6 \times 10^7 \mathrm{W/m^2}$、扫描速度为
4m/min 以及照射 10 次情况下的扫描电子显微照片
(a)照射区域的微观结构，即弯曲内侧；(b)固液界面；(c)照射区的热影响区。

除了微观结构，激光弯曲对不同的区域显微硬度的影响取决于所采用的激光参数。图 1.8 示出了激光照射 AISI304 不锈钢在不同区域，显微硬度随距离的变化(功率密度为 $54.3 \times 10^7 \mathrm{W/m^2}$，扫描速度为 5000mm/min)。相比衬底的内侧弯曲区的硬度从190VHN增加到了250VHN。多次照射后,可能由于再结晶和晶粒细化,显微硬度进一步增加(40次增加后至275VHN)。$Cr_{23}C_6$沿着固液界面沉淀析出,导致熔融区硬度突然上升。

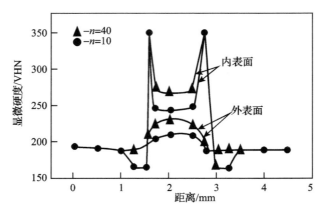

图1.8 激光照射AISI304不锈钢后沿长度方向的显微硬度分布

(板厚为0.9mm,功率密度为$54.3\times10^7 W/mm^2$,扫描速度为5000mm/min)

随后,热影响区晶粒粗大导致显微硬度下降(图1.8)。外弯曲区域(照射区域的相反侧)的显微硬度由于做功效应而略有提高(从图1.8明显可以看出)。熔融区和沿弯曲中心线的外区显微硬度随激光参数的变化而变化。增加照射次数,由于显微结构的细化,照射区显微硬度相应增加。另一方面,外弯曲区域的硬度随照射次数的增加而增加,这主要是因为反复照射时产生更大的热应力导致变形加剧。因此,激光弯曲这一项独特的金属弯曲技术能够提高弯曲中心线的力学性能。

1.6.2 激光快速成型

基于重复沉积材料和材料层的加工,此技术称为无模增材制造技术。此类技术用于生产形状复杂的零件,具有精度高、加工速度快、能耗低和耗材少等优点。目前,已有超过40种不同类型的成熟无模增材制造技术,可用于生产尺寸范围从台式机到机床的零件。激光增材技术能够在不使用专用工具的条件下制造零件,可以减少零件的生产时间。此外,采用计算机辅助设计建模,在加工时将能量和沉积材料直接投送到所选择的沉积层。根据加工过程,后续通过粉末烧结、感光树脂固化或者去除多余材料来完成零件的生产。粉基无模成形技术使用粉末作为成形的原始材料。在紫外线激光烧结技术中,利用紫外线处理选择区域得到一层薄薄的光固性陶瓷粉末悬浮液。挤压无模成形技术利用温敏材料或者水性陶瓷浆料活性化合物来制造固态材料,即"凝胶"陶瓷。

另一方面,分层实体制造使用了由非水浆料蒸发铸造而成的陶瓷进行烧结来制造零件,并在此过程中使用了激光切割、增材和与分层实体制造技术相似的压层顺序。使用此技术,可制造具有复杂高密度内流通道的氮化硅零件,此零件在火箭发动机喷射器上具有巨大的潜力。

陶瓷 3D 打印利用喷墨机制将有机黏合剂注入陶瓷粉末衬底中。无模粉末熔合是一种更加新颖的方法,即在每层区域中选定可烧结的部分粉末和不能烧结粉末的沉积来制造三维实体。在立体光刻中通过紫外线激光束扫描环氧树脂的熔池表面,此表面暴露在紫外线下会变硬。当扫描完一层时,熔池底盘就会下降一点,同时新的环氧树脂熔液覆盖在顶部使得下一层在顶部成形,分层连续制造直到零件制作完成为止。在选择性激光烧结方法中使用的不是液态树脂,而是加热到接近其熔点的流化粉末或薄片。二氧化碳激光束扫描粉末并将其加热,使它们初步熔化进行烧结。随后,底盘稍稍向下移动,同时通过一个旋转辊添加下一层的粉末重复此过程直到零件加工完成。

在分层实体制造技术中,预期的模型由拉长分层和横跨底板的胶合纸片或者塑料片制成,通过加热辊激活胶水固定胶合纸片或者塑料片。由计算机控制的激光头扫描表面并切出想要的零件轮廓。当底盘向下移动时,整个加工再次启动。在加工结束时,小交叉线列被破坏,把零件取出。在熔化沉积技术中,通过移至底盘上方的窄喷嘴挤压出连续线材(通过激光加热)进行加工制造。材料通过喷嘴时熔化,但接触到下层材料时又马上硬化。对于某些特定形状,不得不增加支承结构,可以通过第二个喷嘴挤压出相似的线材来实现,通常使用不同颜色使这两者容易区分。在加工结束时,破坏支承结构以取出零件或模型。通过此方法由蜡或者塑料制成的模型强度较高。这种新的制造概念利用计算机辅助设计且不需要模具便能制造出复杂零件。

激光辅助金属直接沉积可以借助计算机辅助设计模型来构建零件。喷射到激光聚焦区的粉末被加热熔化并在移动的熔池中完全凝固,连续层叠加在一起制造完整的零件。这些方法已被证明几乎适合于制造接近工程化净成形精度的任何零件,在某些例子中还发现了超越一般锻造结构的性能。

图 1.9 所示为激光沉积过程示意图,由于激光近净成形和激光直接制造技术的单步加工消除了传统的多步热加工而节约了成本,可在没有连接组件的情况下制造出内孔和悬垂结构等设计特征。对难加工的金属(如金属间化合物、高温合金、耐高温金属)可进行单步加工。根据三维结构对合金的功能进行划分,使其性能与使用环境匹配。这些技术使得设计者具备快速原型制造能力,而不需要制备原料或者使用成型设备、进行大规模的机械加工以及连接加工来制造零件。未来还需要使这些技术商业化发展,同时能在工业中运用。通过沉积制造的零件表面的粗糙度平均值为 $10\mu m$,针对某些服役工况可进行二次加工获得精度不亚于抛光的零件表面。此外,可通过优化扫描路径和控制编码来

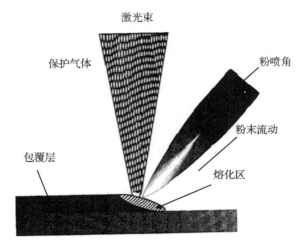

图 1.9 激光沉积过程示意图（粉末在氩气承载下通过喷嘴输送入激光束中，熔融金属沉积在母材上方）

减少计算机辅助设计模型到实际零件成形的加工时间。

激光近净成形制造是指利用计算机辅助设计堆积金属粉末来制造激光近净成形金属结构。

图 1.10 展示了采用不同功率密度和扫描速度直接熔覆 AISI316L 不锈钢沿壁厚生长方向平均显微硬度的变化：① $0.091kW/mm^2$，$2.5mm/s$；② $0.091kW/mm^2$，$5mm/s$；③ $0.031kW/mm^2$，$5mm/s$（粉末添加速率均为 $136mg/s$）。从图 1.10(a)可知，显微硬度沿整个横截面内是大致均匀的，在高度方向接近下层基板的区域硬度值稍大，而在中间区域硬度值稍小。这是因为基板区域的微观结构由于淬火速度高而细化，另一方面，中间区域因为晶粒粗化而硬度稍低。使用低的能量密度会增加平均显微硬度。相似地，使用低的扫描速度也会增加平均显微硬度。因此，制造分层的显微硬度会随着位置变化，同时，在很大程度上取决于所使用的熔覆参数。图 1.10(b)进一步展示了随着能量密度的增加，熔覆层的平均显微硬度不断降低，从详细的微结构研究中可知，这是因为晶粒粗化造成的。由曲线 1 和曲线 2 的仔细对比可知，平均硬度随着扫描速度的增加而增加，在增加扫描速度的条件下，由于激光热源作用时间更短、能量更低导致晶粒细化，从而显微硬度增加。然而，粉末流动速率对平均硬度的影响并没有特定的趋势。从显微硬度随激光参数变化而变化可得出，晶粒细化及低的功率密度和高扫描速度是熔覆件硬化的主要原因。

金属泡沫主要由于其将低密度和高抗压强度完美结合而日益流行。泡沫铝由于其结构轻巧以及在汽车、航空航天和相关行业应用广泛而引起人们的特别关注。然而，泡沫铝相关的制造技术却限制了它的应用范围。金属泡沫由合

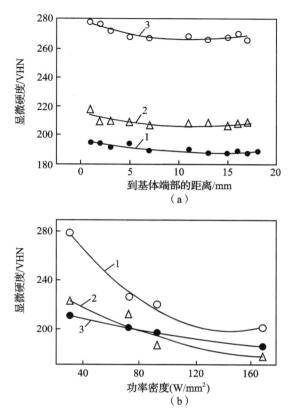

图 1.10 在不同的功率密度、扫描速度和进料率(标记为 1、2、3)下激光加工 AISI316L 不锈钢时,平均硬度与(a)到基体端部的距离和(b)施加的功率密度的关系

金粉末与发泡剂混合合成,冷等静压该混合物以形成可发泡的前驱体,并通过高功率激光束加热到其熔点。激光照射有利于诱导发泡剂快速分解成氢气或其他气体,并使金属间的析出相强化基体。研究者试图用直接激光沉积制造快速凝固的完全致密零件。相比于传统的加工材料,汽化金属原子的微观结构是异质且极其精细的。焊后热处理以改善微观结构,使其成分均匀。

通过激光选区烧结和凝胶铸造技术制造形状复杂的氧化铝陶瓷部件,这种新的快速成型方法已得到开发。该方法由水凝胶注模成形来形成机械强度高的 Al_2O_3 坯体,通过在含有单体和交联剂 Al_2O_3 浆料的原位聚合,利用选择性激光烧结机烧结生坯。该方法的主要优点在于不需要任何容器或模具,污染小,并且液体温度高。此外,固化中的平面和稳态的液固界面的热梯度和晶体生长速率都较高。

Nd:YAG 激光器生成 1.06μm 的二次谐波照射在悬浮于光敏聚合物熔液上的粉状非线性晶体,用于高分辨率快速成型。通过这种方法研制出一种周期光子带隙结构的三维氧化铝,它是由平行杆状层形成的面心四方晶格。类似地,激光直接沉积技术已成功用于制造包括氧化铝和铝在内的三维微结构。这些激光沉积快速成型的陶瓷组件可用作微型镊子和微电机等机械致动器。

1.7 激光连接

激光辅助与传统熔焊或电弧焊接过程相比有下列优点:焊接速度快,热影响区(HAZ)窄,保真度高,易于自动化,厚板单次连接能力好,光斑尺寸调整灵活。激光辅助的连接可以包括焊接、钎焊、锡焊和微焊接。然而,连接材料需要提供高功率密度的激光源,如脉冲的或连续波的 Nd:YAG、CO_2 激光器和二极管激光器。激光辅助连接适用于无机/有机和同种/异种材料,同时具有可以与电子束焊相匹敌的精确度、功效和生产效率。此外,激光辅助连接可以在大气中进行(适当保护),而电子束焊则需要真空环境。

激光焊接是激光连接加工中新兴的重要加工方法。图 1.11(a)、(b)所示是激光辅助搭接焊和对接焊结构的示意图,形状和速度特定的光束辐照在工件或接头的指定区域。充足的保护气使熔池不被氧化。激光使工件或板的边缘部分熔化形成连接,一旦光束撤回熔化区就会凝固。在填料焊接时,熔化主要发生在进料线尖端,同时被照射的母材区部分熔化以确保顺利连接。在其他情况下,工件(如沿图 1.11(a)的 y 轴和沿图 1.11(b)的 x 轴)在一个利于形成最小热影响区的焊接速度下移动,而非激光束移动。

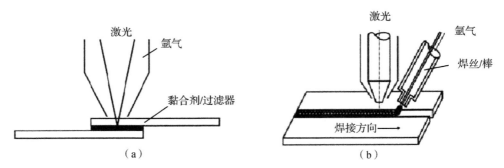

图 1.11 激光辅助(a)搭接焊以及(b)对接焊结构示意图

激光焊接有两种基本模式,取决于光束功率/配置及其相对于工件的焦点,即传导焊接和匙孔熔焊(或深透焊接),如图 1.12 所示。传导焊接光束没有聚焦于工件表面或下方(在表面上方)且功率密度低,在焊接速度给定下不足以使工件沸腾。在匙孔熔焊时,光束焦点位于工件下表面,这样单位面积的能量足以使熔池里材料蒸发从而形成小孔。"匙孔"像一个光学黑体,当辐射进入该孔,在逃脱前会经历多重反射。随着施加到工件的激光强度和脉冲的增加,传导模式向深熔模式转变。焊接效率可由功率(或能量)传递系数(η)表示,其中η为工件吸收的激光功率和入射激光功率之比。η通常非常小,但是一旦小孔形成,则可以接近统一。熔化效率或熔化比(ε)如下:

$$\varepsilon = \frac{vdW\Delta H_m}{P} \tag{1.7}$$

式中:P为入射激光功率;v为焊接速度;d为板厚;W为光束的宽度;ΔH_m为金属熔化温度下的焓或热含量。ε在匙孔焊接和传导焊接的最大值分别为0.48和0.37。

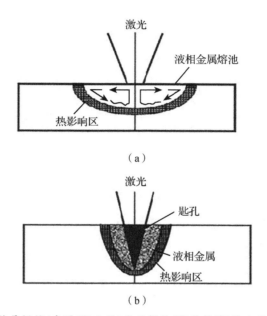

图1.12 (a)传导焊接(半圆形)和(b)匙孔焊接(深透焊接)熔合区和焊缝示意图

激光辅助焊接已经广泛应用于金属材料领域。Majumdar和Steen报道了集装箱行业镀锡板和镀锡薄板的高速激光焊。Yang和Lee测量了焊后低碳钢(使用连续波CO_2激光器)的低周疲劳强度与焊点处的残余应力并和电阻点焊的焊缝强度进行了比较。有限元模型显示,残余拉应力分布在熔融区的内缘和外缘。

1.8 激光加工

高功率激光可以用来钻孔、切割、清洗、标记及对各类材料的维度和深度进行划线。在本节中,讨论了不同激光加工过程的原理,强调了多元化过程的最新进展和未来的应用前景。

1.8.1 激光切割

机械加工中,激光最广泛的工业应用是切割。相比其他技术,激光切割的优势有:灵活性高,自动化范围大,便于控制切割深度,清洁度高,非接触加工,加工速度快,适用于各种材料(韧性/脆性、导体/非导体、硬/软),热影响区小,切口小。图 1.13 为激光切割装置示意图。试样固定于 x-y 面。在特定的作用时间内,使用激光照射材料表面,达到从表面去除固体材料的目的。激光切割的主要工艺参数有激光能量密度、作用时间和覆盖环境。材料的激光切割有 6 种不同机制,分别为汽化切割、熔化和吹气(或简单熔化)、燃烧和吹气、热应力开裂、划线、冷切削。

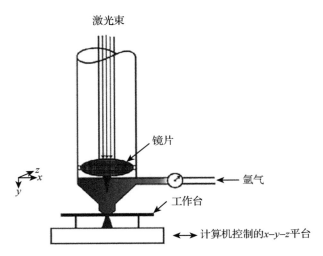

图 1.13 激光切割装置示意图

1) 汽化切割

汽化切割中,聚焦光束将表面温度提高到沸点以上,生成匙孔,从而导致吸收率的突然增加,引起多次反射而使匙孔快速扩展。随着孔或切口的加深,形成的蒸汽从孔或切口喷出,使匙孔的熔壁稳定。这种方法常用于切削材料,但不能熔化木材、碳和塑料等材料。控制激光切割操作的参数有光束直径、激光功率、切割速度、气体成分、材料厚度、反射率和工件的热物理性质。陶瓷的汽化切割在很大程度上取决于激光的功率密度。一般情况下,切割前完全蒸发的强度应接近甚至超过 $10^{12}\,\text{W/m}^2$。

2) 熔化切割(熔化和吹气)

该方法中,用激光束熔化材料,同时用足够强劲的气流喷嘴吹走熔化后的材料来完成切割。此方法只需要 1/10 的功率用以汽化。如果气体(氧气)与工件发生反应且在过程中加入另一热源,则称为反应熔切。通常,反应气体为氧气或其他含氧气体的混合物。燃烧反应通常从顶部开始,当温度达到燃点时,形成氧化物吹入切口覆盖在金属上。

3)可控断口

该方法适于切割脆性材料。激光束加热表面上一小部分使其扩张并在辐照区产生拉伸应力。如果该区域有裂缝,它将作为应力集中区域,裂缝会随加热点延伸下去,该过程所需能量极小。在激光束运动的路径上,产生的热量随之和表面分离。由于破裂边缘的延伸大于激光点的移动,当切割一条曲线或一个不对称直线时,实际断裂轨迹将会偏离预期轨迹。为消除这种偏差,采用迭代学习控制法,以获得最佳的激光光束运动路径。

4)划线

该方法中,激光束造成如槽或孔式的机械破碎,用于削弱组织结构。该技术具有碎片少且热影响区低的优点。

5)冷切削

该方法使用在紫外线区的受激准分子激光照射有机材料,破坏其键合。适用于切割塑料、加工毛发、显微外科手术、单个细胞工程和肿瘤外科手术等。为获得无缺陷的切削结果,需要结合切削特性和激光参数并分析激光切削过程。实验表明,上、下角压力的不同暂时是由于上角裂缝的钝化突破导致的。最新的气体辅助 CO_2 激光器的金属切削模型中,激光切割被认为是表面反应,吸收能量的过程需调整参数以适用于不同入射角的材料。正面切割气体/固体边界质量扩散率的计算包括切割时的放热。微小的氧气杂质将显著影响切削性能。早期,考虑采用层流边界层的方法取代气雾和熔融金属综合的化学反应。

影响切削区质量的激光参数包括激光功率密度、作用时间、激光光束的作用位置和气体成分。激光功率(P, W)、薄板厚度(d, mm)、切割宽度(s, mm)、切削速度(V, mm/min)间的经验公式为 $P = 390 d^{0.21} s^{0.01} V^{0.16}$(忽略材料热性能随温度的变化)。切削气体成分对切削质量的影响也非常大,与导电惰性气体相比,高纯度氧气可获得更好的切削性能。然而,在氧气切割低碳钢时,常常产生边缘裂纹,原因主要有两点:首先,氧化反应产生的循环变化的驱动力导致熔化区氧气分压变化;其次,熔化物移除时黏度和表面张力的影响。

使用连续波 CO_2 激光器切割时,适当控制切削参数可得到力学性能良好的 galvabond 钢板。CO_2 激光器的激光切割成功应用于切割不锈钢、铝合金、低碳钢,与机械切削相比,激光切削可得到精度更高的窄切缝。金属基复合材料难以加工。

超级合金在高温时强度高,广泛应用于高温结构。但由于刀具磨损大,表面粗糙度高,使得超合金很难在室温下进行加工。激光辅助加工直接给工件加热而不是通过单点切削工具去除材料,使超合金的加工更经济高效。

陶瓷具有良好的耐热、抗磨损和耐腐蚀性能,常应用于许多工业生产。但是,陶瓷的高硬度和高脆性导致常规的切割方法或工具对其加工起来非常困难且昂贵。由于激光切割的非接触模式及具有优良的精确度,因此,激光切割是用于切割陶瓷的良好方法。在陶瓷的激光加工时,移除过程是若干机制的结合,其程度及规模根据激光束的性质和功率以及被加工陶瓷基板的种类的不同而不同。基本上,该加工过程包括3个固有阶段,即汽化切割、熔化、喷射和受控断裂。然而,陶瓷的激光切割成功,在很大程度上取决于几个基本问题,如切割时由于热冲击形成的裂纹。

1.8.2 激光钻孔

通常,钻孔是在固定静止的工件上制造圆形且垂直的孔,是一个机械过程。高功率 CO_2 激光器或 Nd∶YAG 激光器可以用于钻孔。在合适的激光参数下,用脉冲激光或连续波激光进行钻孔。机械钻孔缓慢,会导致孔的两端受到挤压,必须及时清理碎屑。虽然机械冲孔速度快,但仅限于直径大于 3mm 的浅孔。电化学加工虽然产生了表面光滑、尺寸精确的孔,但是加工过程十分缓慢(180s/孔)。电火花加工费用昂贵且过程缓慢,通常速度为 58s/孔。电子束钻孔速度为 0.125s/孔,但需要真空环境,并且比 Nd∶YAG 激光器加工费用更加昂贵。相比之下,Nd∶YAG 激光器能在 4s 内完成一个孔的加工,优于其他方法。

通过激光烧蚀加工的小部件,如金属、陶瓷、半导体或聚合物片/膜的钻孔,具有无可比拟的精度、准确度和速度,这使激光加工成为微电子产业中的一个非常有用的领域。例如,使用 200fs、800nm 脉冲,光斑直径为 3000nm 的 Ti∶蓝宝石激光器可以加工直径为 3000nm、深度为 52nm 的孔,并获得最小的加工误差和热影响区。

为改进设计、性能并降低成本,微电子工业正朝着追求更加微小精细的方向发展。芯片之间的距离短(即线路短)有助于更快的运算。在微电子包装行业中,通过激光加工处理图像传输,沿边切割和修边等越来越普遍。另一方面,因为导电线路之间空间较小而增加了短路的风险(引起电路缺陷、锡桥、迁移等),所以更加需要详述激光加工的可靠性。

对于微细加工,由于热扩散的影响,飞秒脉冲相比纳秒脉冲更具有技术优势。使用飞秒脉冲,加工的孔直径为 300nm,光点尺寸大约是其 10%,而使用纳秒脉冲做出的最小直径大约是光斑大小的 60%。飞秒孔的深度为 52nm。此外,飞秒脉冲积分通量阈值比纳秒脉冲更低,这有利于在特定的加工情况下(如医疗手术)降低加工区以外的组织损伤。

许多应用,如 MEMS 器件封装、光纤对准、微型视觉系统和微电子封装已被开发,用于在玻璃基板上制备无微裂纹、高质量和高长宽比的微细孔。然而,由于制造中大多数玻璃热性能差,微细加工(如凹槽、微孔等)对人们来说充满挑战。目前通过使用脉冲持续时间在纳秒到飞秒范围内的短脉冲固态激光器加工不同类型的玻璃材料。

1.9 激光表面工程

工程部件或材料的化学(腐蚀和氧化)或机械(磨损和侵蚀)失效最有可能从表面开始,这是因为部件外部和内部的材料表面更容易因环境而恶化,并且通常表面上负载最高。为最大限度地减少或消除这种表面失效,在不影响构件整体的情况下,可对构件近表面区域的构成或微观结构进行调整。常用于实际的表面工程技术有电镀、涂层扩散、渗碳、渗氮,但这些技术具有时间长、耗能耗材、精确度差、柔韧性差、缺乏自动化等局限性,需要复杂的热处理过程。此外,由于固体溶解度和溶质固态扩散的热力学限制,使常规或接近平衡过程的改进方法受到限制。

与此相反,基于应用电子、离子和激光束的表面处理方法受限较少。定向能量电子束能够立即加热并熔化几乎所有工程材料固体的表面。然而,电子束提供高斯能量沉积轮廓,因此,更适合于深熔焊接和同种/异种的固体熔覆。此外,高能电子撞击固体基材后衰减并在一定范围内产生 X 射线,因此,必须有足够的安全措施以防止危害发生。另一方面,离子束加工选择多、灵活性大、精确度高,可以通过植入一个或多个元素来调整成分和微结构表面。然而,与电子束辐照中的能量沉积峰值一样,植入元素的峰值浓度位于表面之下。此外,大面积植入需要昂贵的电离室、长束传递系统和非常多的时间,这些是对大规模商业开发离子束辅助表面工程的严重阻碍。激光规避了大部分上述引用中对于常规电子/离子束辅助表面工程方法的局限性,并提供了一套独特的在经济性、精度、灵活性、处理新颖性和改进(热力学和动力学)方面有优势的表面相关特性。其中激光表面工程的主要优点是在高斯分布下的电子或离子束照射下能够形成指数能量沉积轮廓。

不论是脉冲($10^{-3} \sim 10^{-12}$ s)还是连续波(CW),激光表面工程在精确的时间和空间分布下可控制量子能量($10^4 \sim 3 \times 10^5 \text{J/m}^2$)或功率($10^8 \sim 10^{11} \text{W/m}^2$)。激光表面工程技术的优点包括加热/冷却速率快($10^4 \sim 10^{11}$ K/s)、热梯度高($10^6 \sim 10^8$ K/m)以及再凝固速度快(1~30m/s),这可能引起近表面区域新型微观结构生成,同时大幅扩展固体溶解度及纳米晶和非晶相的亚稳态形成。

图 1.14 给出了涉及两种主要类型的不同激光表面工程方法的简要分类。

第一类型是只有表面的微观变形,没有任何成分的变化,而第二类型同时涉及微观结构以及在近表面层的组织改性。

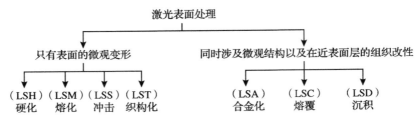

图 1.14 激光表面工程方法的简要分类

1.9.1 激光相变硬化

相变硬化作为铁合金的热处理(钢、铸铁等)标准,涉及加热到奥氏体(面心立方)相和后续在环境温度或低于环境温度下的淬火,以加强切变引起的奥氏体向马氏体(体心四方)转变。在激光硬化中,仅底层(而不是整个基体)的一个薄表面层被快速加热到奥氏体相,随后快速地淬火,以产生所需的马氏体显微组织。加热及冷却速率为 10^4 K/s 或更高时为典型的激光表面强化工艺,整个热循环的辐照量作用时间可能不到 0.1s。在过去的 20 年里,高功率激光表面工程应用发展显著,目前在汽车和航空航天领域广泛应用。

1.9.2 激光表面熔凝

激光表面熔凝作为有效改变材料近表面区域微观结构的另一种重要技术,其优势在于显微结构的细化及其均匀化。研究发现,对 440C 马氏体不锈钢进行激光表面熔凝,通过碳化物细化可显著提高其耐蚀性(在氯化钠溶液),而激光强化形成马氏体和奥氏体有助于提高其抗气蚀性。已证明 AISI304 不锈钢的激光表面熔凝是一个有效的敏化作用,它通过快速淬火细化晶粒并溶解碳化物防止其再次沉积而改善组织的耐蚀性。由于奥氏体转变成马氏体时产生的应变和在摩擦磨损试验中奥氏体的加工硬化使激光表面熔化 DIN $X_{42}Cr_{13}$ 样品的耐磨性高于回火后的耐磨性。

激光表面熔凝也被证明是一种通过改进 Al、Ti、Cu、Mg 和其他重要的有色金属与合金来延长组件服役寿命的重要技术。研究发现,使用准分子激光对 7075 - T651 铝合金进行表面熔化,可改善耐应力腐蚀开裂。使用连续波 CO_2 激光器对 2024 - T351 铝合金进行激光表面熔凝,由于组织的均匀化使其抗均匀腐蚀和抗点蚀性能得到改善。激光表面熔凝也是提高高温抗氧化性能的一个有效方法。SiC 分散铝合金复合材料是汽车和飞机工业中最有应用前景的金属基复合材料。然而,这些复合材料在含有氯化物的环境下会严重降解。

由于质量轻,镁及其合金广泛应用于汽车和航天领域。然而,其应用于结构组件的耐磨损和耐腐蚀性能较差,因而受到人们广泛关注。据报道,激光表面熔凝用于镁及其合金,如 $AM_{60}B$、AZ_{91}、$Mg-ZK_{60}$ 和其他商用镁基合金中,能够有效细化组织,提高其耐腐蚀性能。Dutta Majumdar 等研究了激光表面熔凝 MEZ($Mg-Zn$ 合金)的动力学机理。图 1.15 显示了激光表面熔凝的 MEZ 合金截面(激光功率为 2kW,扫描速度为 200mm/min),细的柱状晶粒由液固界面向外生长。Mg/Zr/Ce 化合物的涂层中,底层基体晶粒明显粗于边界颗粒(通过能量色散光谱检测)。此外,熔化区与基体的界面没有裂纹和缺陷并且也没有明显的热影响区。通过对机械性能的详细评估表明,由于晶粒细化和固溶硬化,熔化区的显微硬度比基体(35VHN)显著增加了 2~4 倍(85~100VHN)。尽管平均显微硬度随激光参数改变而有所变化,但在激光功率为 1.5kW 和扫描速度为 200mm/min 时显微硬度达到最高。点蚀的详细研究表明,激光表面熔化后腐蚀的程度和速度都显著降低。

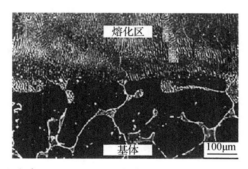

图 1.15 激光表面熔凝 MEZ 合金截面的扫描电子显微图。在激光熔化区,由于晶粒细化而导致的无缺陷界面也可能被观察到

在氮气保护下,激光表面熔化 Ti-6Al-4V 导致形成无缺陷的氮化区域,它由 α-Ti 基体和在其中的树状晶 TiN 组成。在氮化表面由于周期性纹理的出现使其表面粗糙度增加,同时氮化表面残余应力也由拉伸变为压缩,在高功率和超低气体流速下,其压缩残余应力进一步提高。与 Ti-6Al-4V 母材的硬度(280VHN)相比,氮化区的显微硬度显著改善(600~1200VHN)。同时发现激光气体氮化的 Ti-6Al-4V 合金在 Hank 溶液中的抗点状腐蚀能力也有所提高。

1.9.3 激光表面合金化

激光表面合金化是通过合金成分(预置或激光加工的同时添加的粉或线)以及部分基体表层的熔化而形成合金区来提高基体表面相关特性。图 1.16 展示了连续波激光表面合金化的方案。它包括激光光束聚焦源和传输系统,微处理器控制的清扫阶段(样品的安装和合金材料如粉末的传送)。其过程包括伴随部分基体熔化的合金化,随后混合和快速凝固形成深度较浅的表面合金区。激光束连续扫射时有 20%～30% 重叠的熔融合金可确保显微结构的成分均匀性,该合金化区的成分明显不同于底层母材。清扫阶段($x-y$ 或 $x-y-z-\theta$)允许激光以适当的速度和频率在样品的目标区域表面辐照。深度、化学、微观结构、合金自带的和相关的属性取决于激光工艺参数的适当选择(如即入射功率、光束直径、脉冲宽度),以及沉积的厚度/组成和适当的物理条件(如反射率、吸收系数、热导率、熔点、密度)。

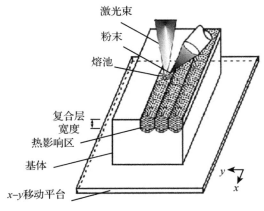

图 1.16 连续波激光表面合金化的方案

Dutta Majumdar 和 Manna 观察到等离子喷涂沉积 Mo 的激光表面熔化显著改善了 AISI304 不锈钢的耐蚀性。图 1.17 显示了(阴影区域)对改善点状腐蚀阻力和力学性能有利的形成均匀的微观组织的最优条件。将基体和激光表面合金化后样品在 3.56wt% 氯化钠溶液中(正向和反向潜力)进行阳极极化测试,结果表明,激光合金化后点蚀坑的形成(E_{PP1})和生长(E_{PP2})的临界电位有显著提高(2～3 倍),从基体的 75mV(SCE) 提高到 550mV(SCE)。同时,发现激光照射后,样品的 E_{PP2} 也比不锈钢基体更稳定。等离子喷涂不锈钢样品时(没有激光重熔),由于等离子沉积层出现的表面缺陷导致其耐电腐蚀能力较弱。用 3.56wt% 氯化钠溶液标准进行浸泡试验,对比激光表面合金化对其耐蚀性的影响,结果表明,由于 Mo 既存在于固溶体中又存在于析出物中,所以该奥氏体不锈钢具有优秀的显微硬度、抗点状腐蚀和抗侵蚀腐蚀能力。

表层的显微组织由晶粒细化了的铝基体和均匀分散于其中的硼化钛(TiB)与二硼化钛颗粒组成。通过摩擦系数和磨损监测,图 1.18 显示了铝基体和用 TiB_2 激光表面合金化处理后(激光功率为 1.2kW,扫描速度为 700mm/min)的铝基复合材料分别在 500g 和 900g 的负载载荷下的磨损程度(磨损深度方面)随时间的变化曲线。很明显,磨损率随着时间和载荷的增加而增加。在纯铝

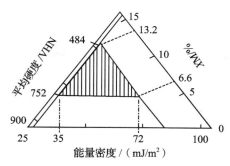

图 1.17 形成均匀的微观组织的最优条件(阴影区域)和
AISI304 不锈钢组成与钼激光表面合金化

(曲线 3 和曲线 4)中,初始阶段的磨损率非常高(5min 内),之后减少。另一方面,虽然磨损量也随载荷的增加而增加,但激光复合 TiB_2 的 Al 磨损量和磨损率明显低得多。然而,其磨损动力学随激光参数的不同而有所变化,在激光功率为 1.2kW 和扫描速度 700mm/min 时,激光复合表面的耐磨性最高。同时发现耐磨复合层的耐磨性也随着显微硬度的增加而增加。因此,激光合金化能提高 Al 表面的耐磨性,是因为晶粒细化和硬质相 TiB_2 和 TiB 的存在改善了复合层的显微硬度。

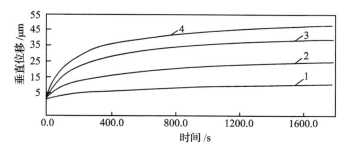

图 1.18 不同负载载荷下的磨损程度(磨损深度方面)随时间的变化曲线(曲线 1 和
曲线 2 为 TiB_2 激光表面合金化处理后(激光功率为 1.2kW,扫描速度为
700mm/min)的铝基复合材料分别在 500g 与 900g 的负载载荷下;
曲线 3 和曲线 4 为铝基体分别在 500g 与 100g 的负载载荷下)

Dutta Majumdar 和 Manna 在铜上进行激光表面合金化铬粉来提高铜的耐磨性和耐腐蚀性(电沉积厚度为 10μm 和 20μm)。图 1.19 显示了铜激光表面沉积铬后的扫描电子显微照片,照片显示在铜基体中分散着粒度为 100~500nm 的铬颗粒,铬以固溶体和沉淀物的形式出现。激光表面合金化使铬在铜中的固溶度最多达到 4.5wt%。相对于基体的显微硬度(85VHN),激光合金化处理后合金区的硬度有显著提高(维氏硬度达 225)。由于合金的硬度与铬以固溶和沉淀物的形式有关,因此,合金的平均显微硬度的变化可作为总含铬量的

函数,与铬的固溶和铬沉淀的体积分数等这些微观结构因素有关,特别是与铬在铜中的固溶度有关。图1.20显示了纯铜和激光合金化样品经计算机控制的划痕试验后(使用振荡钢球)划痕深度随载荷变化的结果。结果显示,在两种样品中划痕深度增加的速率随样品载荷的增加而增加,且纯铜中划痕的数量要比激光合金样品中多很多。图1.21分别在室温和高温时比较了在加速腐蚀磨损条件下(20 wt%泥沙的泥浆中)铜激光表面合金化后物质损失(m)动力学(激光能量为$1590MW/m^2$,交互时间为$0.08s$,预沉淀厚度为$20\mu m$)与时间的函数关系。相对于纯铜,激光表面合金化后大大降低了其腐蚀速率。虽然在两者中物质损失的程度都随温度的增加而增加,但在激光合金化样品中物质腐蚀的速率却很小,纯铜的腐蚀速率随温度变化而变化(尤其是超过370 K时)。

图1.19 铜激光表面沉积铬后的扫描电子显微照片(激光功率密度为$270MW/cm^2$,交互作用时间为$0.08s$,预淀积厚度为$20\mu m$)

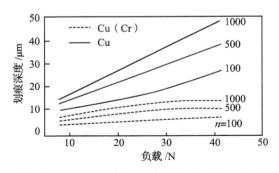

图1.20 在不同负载情况下,纯铜(虚线)和激光合金化样品(实线)划痕深度的变化

为提高钛的磨损和高温抗氧化性能,将Ti表面用激光合金化,Si、Al和Si+Al(比例分别为3∶1和1∶3)元素。图1.22显示了合金区域上表面的一个典型的过共晶合金成分,它由均匀分散的Ti_5Si_3相和两相共晶聚合物(α-Ti

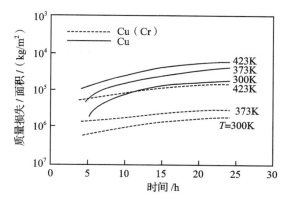

图 1.21 在流动的二氧化硅分散介质中侵蚀后,Cu(Cr)和
Cu 在不同工艺参数下质量损失的比较

和 Ti_5Si_3)组成。高体积分数的基础相和共晶产品的粒度意味着硅经历快速淬火后均匀地溶解混合于合金区。后续氧化研究表明,在 873~1023 K 下,激光表面合金钛＋硅或硅＋铝显著提高了等温氧化电阻(图 1.23)。

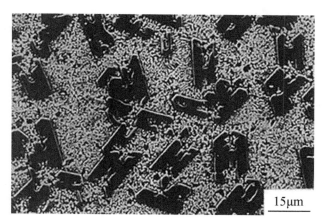

图 1.22 用硅激光合金化钛后上表面的扫描电子显微图(SEM)
(激光功率为 4kW,扫描速度为 300mm/min,送粉速度为 17mg/s)

使用连续波二氧化碳激光器对 MEZ Al＋Mn(质量比为 3∶1 和 1∶1)进行类似的激光表面合金化实验,合金的磨损和腐蚀性能显著提高。

1.9.4 激光复合堆焊

金属基复合材料与基材相比提高了耐磨性。分散体虽然强化了基体的力学性能,但强化程度是有限制的,因为过度强化反而会降低韧性。通过常规手段形成表面复合层是极其困难的。

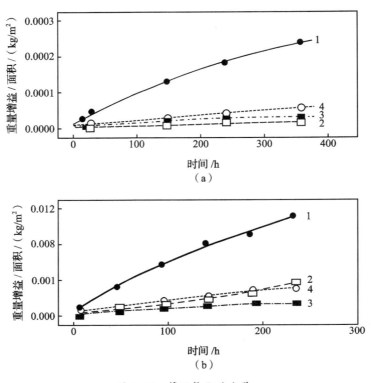

图 1.23 等温氧化动力学

激光熔化基层后输送陶瓷颗粒至熔化层的过程有利于开发复合材料表面，即激光复合材料。

1.9.5 激光冲击处理

激光冲击处理涉及组件表面的快速激光辐照（功率密度 $10^{12}\,\mathrm{W/m^2}$），导致一次冲击波（由于体积膨胀的表面上形成的等离子体羽流）和后续组织应力的改变，冲击波能量在水中被放大。这种新奇的激光加工能够提高合金材料的硬度和疲劳强度。

1.9.6 陶瓷的激光表面处理

多晶陶瓷，尤其是氧化铝（多晶氧化铝）作为金属薄膜沉积的基板广泛应用于电子行业以及其他行业。多孔脉冲 XeCl 准分子激光辐照的商业细粒度的多晶氧化铝基板，其金属之间的成键特征和纹理得到显著改善。在 3~5 倍激光辐照下，利于去除铝表面的氧化膜，提高它与铜模的黏附强度。X 射线光电子能谱测量表明近表区的电激活也可能有助于增强铜粘连。

1.9.7 聚合物的激光表面处理

激光表面改性和激光模式的聚合物表面沉积、腐蚀和烧蚀引起了相当大的关注。Wong等使用原子力显微镜观察 KrF 准分子激光（波长为248nm）辐照对苯二甲酸乙二醇酯的表面。激光能量的增加导致表面粗糙度和波纹间距增加。经过适当的激光处理，聚酯疏水性可以极大地增强，使处理后的聚酯高度疏水。这为利用高科技处理防水纺织产品提供了一个新方法。Huang等讨论了通过辐照氟碳树脂与XeCl受激准分子激光器提高附着力的方法。通过Ne-He激光系统测量聚合物和金属间的附着力及其与水面的剪切角。通过辐照硼酸水、氢氧化钠、硫酸铜、铝酸钠等提高聚合物表面附着力。这些结果解释了一个简单的激光加热模型。

作为一个模型系统，选择金属纹理不同的合金，如 CoNi、CoCr 和 CoNi 以沉淀形式覆盖在聚四乙烯上。激光辐照通常是用脉冲1~20、能量密度分别为 $5mJ/cm^2$ 和 $40mJ/cm^2$ 的 248nm KrF 与 308nm XeCl。电子束激光辐照后使沉积金属立即蒸发。激光辐照未经处理的聚四乙烯衬托导致的墙式或映射式结构表明平均距离与激光参数有关。

各种激光处理方法都适合在聚合物表面产生结构呈周期性的光栅像。由此产生的周期性由于应用光学系统的分辨率和材料与激光反应的复杂性而受到限制。此法适用于生成微米大小的结构，较小的结构可以利用塔尔博特效应诱导近场光栅产生。

1.10 总　　结

本章介绍了激光器的基本原理的概述，激光-物质相互作用，激光在材料加工和应用中的三大类，即成形、连接机械加工和表面工程。虽然激光发明于20世纪初，但激光器在材料加工中的应用在20世纪80年代才开始流行，近40年来，商业高功率激光器能够提供足够的功率密度用于加热、熔化、从所有工程固体（金属、陶瓷、半导体、高分子和复合材料）蒸发材料等。在这方面面临的挑战在于利用激光熔化以及相关快速凝固技术开发非晶态和扩展固体溶的非平衡微结构。虽然在发展中曾试图通过激光表面熔覆批量生产非晶金属玻璃，但由于固-液界面的无定型化异相成核和激光连续加工造成加工区的连续退火，从而无法实现材料的完全非晶化。因此，需要在开发操作系统和设计实验方面做出更大的努力。

激光的最大优势是能够成为一个非接触式加热工具。无论材料的化学成键、物理尺寸（大或者小）和聚合的状态（纯、混合、复合）如何，它都能在所有固体量子的精确位置同时将对周围组织的影响降低到最小的情况下提供所需的热能。虽然激光加热的截面深度呈指数级衰变，但耦合激光器与计算机辅助设计用于现代工程实践，如使用机械驱动的传送系统能够满足任何尺寸部件（丝、粉、片材）的生产需要。激光能同时加热、添加、加入或删除不同性质的材料进行导电和不导电、软硬、密度与多孔等不同性质的材料加工，其多功能性进一步扩展。现在，激光被用来封闭涂层和焊接产品的表面孔隙，还可用于制造具有可控气孔、成分和微观结构的分级骨料。这种显微结构和组织梯度可以在水平方向和垂直方向的极小范围内实现。

参考文献

[1] READY J F, FARSON D F, FEELEY T. LIA handbook of laser materials processing [M]. Berlin：Springer，2001.

[2] STEEN W M, WATKINS K. Laser material processing[M]. New York：Springer，2003.

[3] 柳强，王在渊. 激光原理与技术[M]. 北京：清华大学出版社，2020.

[4] WHITE C W, AZIZ M J. Surface alloying by ion, electron and laser beams[M]. Ohio：Metals Park，1987.

[5] DUTTA M J, NATH A K, MANNA I. Studies on laser bending of stainless steel [J]. Materials Science and Engineering：A，2004，385(1-2)：113-122.

[6] DUTTA M J, PINKERTON A, LIU Z, et al. Microstructure characterisation and process optimization of laser assisted rapid fabrication of 316L stainless steel[J]. Applied Surface Science，2005，247(1-4)：320-327.

[7] 苏海军，尉凯晨，郭伟，等. 激光快速成型技术新进展及其在高性能材料加工中的应用[J]. 中国有色金属学报，2013，23(6)：1567-1574.

[8] 柯文超，张康，周乃迅，等. NiTi-Cu异种材料激光微连接机理及元素分布[J]. 焊接学报，2023，44(12)：21-27.

[9] ZHANG X D, BRICE C, M D W, et al. Characterization of laser-deposited TiAl alloys [J]. Scripta Materialia，2001，44(10)：2419-2424.

[10] YU L D, BAI Y, BIAN T X, et al. Influence of laser parameters on corrosion resistance of laser melting layer on C45E4 steel surface[J]. Journal of Manufacturing Processes，2023，91：1-9.

[11] DUTTA M J, RAMESH C B, NATH A K, et al. In situ dispersion of titanium boride on aluminium by laser composite surfacing for improved wear resistance[J]. Surface and Coatings Technology，2006，201(3-4)：1236-1242.

第 2 章　高功率激光在制造中的应用

2.1　引　言

高功率激光器具有精度高、功率大等优点,在材料加工中被广泛应用,如激光切割、激光焊接、激光打孔、激光标识、激光刻绘、激光表面硬化、激光表面合金化、激光表面熔覆、激光表面粗糙化、激光冲击喷丸、激光成形、激光精密加工、激光快速成型等。其中应用比较广泛的激光器包括高功率 CO_2 激光器、灯抽运 Nd:YAG 激光器、半导体抽运固体激光器、半导体激光器、光纤激光器和准分子激光器。高功率 CO_2 激光器和灯抽运 Nd:YAG 激光器在工业中的应用最为广泛。然而,近年来,随着半导体抽运固体(DPSS)杆、薄盘和光纤三类高功率半导体激光器与光纤激光器的发展,固有的材料加工模式已经被改变了许多,与此同时,高功率 CO_2 激光器和灯抽运固体激光器发展得更为成熟。材料加工用的工业激光器的全球市场份额已经超过了激光器总销量的 50%。但这不包括低功率半导体激光器,因为半导体激光器一直都占据着光学通信和储存应用市场。过去几年市场趋势如图 2.1 所示。图 2.2 显示了 2003—2009 年期间,不同种类工业激光器在材料加工领域的市场趋势。从图中可以看出,2007 年以前工业激光器市场一直保持稳定增长,在 2009 年时由于全球经济危机导致激光器的销量出现了下滑。还可以看出,一直到 2007 年为止,高功率 CO_2 激光器在切割、焊接、标识、刻绘等方面的需求都比较稳定,而 LPSS 激光器的需求逐渐减少。这是因为一部分的 LPSS 激光器的市场份额被半导体抽运固体激光器和纤维激光器所取代。半导体激光器采用高效固体抽运激光源取代了抽运灯激光源,用于工业生产的半导体激光器具有功率高等优点,虽然现在对其激光束质量的控制存在不足之处,但其仍然可以直接应用于材料加工领域,如表面热处理、塑料焊接和钎焊等方面。准分子激光器被应用于微光刻和其他各种微加工领域,这些年来其需求量都保持稳定增长。随着高平均功率技术的发展,超短 Ti:蓝宝石激光器和最近出现的飞秒光纤激光器将这些技术的应用领域从实验室带到工业中,从而实现了微米、纳米级的加工和应用,如微电子机械系统(MEMS)和微流体器件加工。

激光器通常由 4 个主要的参数来控制,即波长、激光束质量、脉冲和功率。

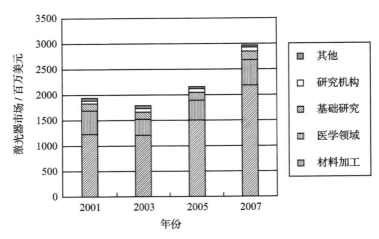

图 2.1 激光器在不同应用领域的市场份额

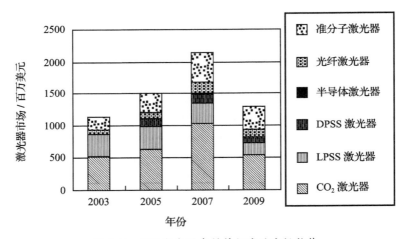

图 2.2 不同激光器在材料领域的市场趋势

当选择某一特殊应用领域的激光器时,主要考虑以上参数,但同时也要考虑到其他的实际问题,如激光利用效率高、小型化、容易对激光束操作和传输、低成本和低维护费用等。表 2.1 给出了多种比较重要的工业激光器的特性对比。半导体激光器有良好的综合性能,维护成本低,但是相比于其他激光器,它的光束质量较差。光束质量决定了激光束的聚焦功率和其在工件上的能量密度。激光束的质量一般用光束几何的乘积(光束直径×光束散射角)或者参数 M2 来表示,但是也取决于不同类型的激光器。不同激光束质量的输出功率如图 2.3 所示,适用各种工业应用的典型规格也在表格中被说明。由于高功率半导体激光器具有这些特点,因此,它的光束质量在很多材料的加工中有很好的应用前景,研究和提高这种激光束的质量就显得尤为重要。同样,半导体抽运圆盘

表 2.1 工业激光器的特性对比

参数	CO_2 激光器	Nd:YAG 激光器	半导体激光器	纤维激光器	准分子激光器	高速激光器
波长	10.06μm	1.06μm	0.8~0.98μm	1.07μm	125~351nm	TSL*:0.7~1μm; FL*:1.03~1.08μm
效率	5%~20%	LP:1%~3%; DP:10%~20%	30%~60%	10%~30%	10%~30%	TSL:<1%;FL:>5%
工作模式	CW 或脉冲	CW 或脉冲	CW 或脉冲	CW 或脉冲	脉冲	TSL:10kHz~80MHz; FL:30~100MHz
输出功率	20kW	16kW	4kW CW	10kW	平均功率:300W	平均功率 TSL:1~5W; FL:1~830W
自由能量脉冲 脉冲Q开关 脉冲能量 持续脉冲	1~10J/100ns ~ 10μs~J/~100ps	120J/1~20ms 1.2J/~3ns	单个二极管~μJ/ 100ns QCW 脉冲: 50kHz	15J 0.2~20ms ~mJ/40~500ns	1J 20~30ns	15nJ~290μJ/36~100fs FL:30nJ/100fs~10uJ~700fs
峰值功率	10MW	50MW	40MW	10MW	10~100MW	100kW~10MW
光束质量因素/mm	3~5	0.4~20	10~100	0.3~4	160×20	—
光纤传输（典型）	不能	能	能	能	—	能
维护周期/h	2000	200（抽运灯）	无需维修（典型寿命 100000h）	无需维修（抽运二极 管寿命100000h）	脉冲晶闸管: 10^8~10^9	TSL:高维修率 FL:低维修率
成本/W	35~120	100~120	60~90	100	1000	TSL:100~150k; FL:30~50k

表 2.2 不同激光器的优点和缺点及应用

激光器类型	优点	缺点	应用
CO_2 激光器	设计简单,可靠性高,激光质量高,运行成本低,效率高	金属吸收率低,易诱发空气电离,不可用光纤传输	激光切割,焊接,表面处理;硬化,重熔,合金化,纹理;打孔,划线,打标,退火,钻孔表面处理层;快速制造
Nd:YGA 激光器	比 CO_2 激光器吸收率高,半导体抽运效率高,激光电离敏感性低	灯抽运激光效率低,灯泡的寿命有限,激光功率高光束质量较差	激光切割,焊接,标记,退火,钻孔表面处理,速制造
盘形激光器	有 Nd:YAG 激光器的优点,可以扩展到高功率	高功率下光束质量有限	与 Nd:YAG 激光器应用相同
光纤激光器	紧凑和稳定的设计,极好的光束质量,效率高,空冷,无须维护,使用寿命长,可扩展为高功率,激光传输适应性强	抽运二极管激光器及相关成本高,可靠性问题	激光切割,焊接,表面处理,表面结构,打标,打孔,划线,选择性烧结,直接金属沉积;快速制造
半导体激光器	效率最高,紧凑和稳定的设计,运行成本低,拥有 CNC 集成,脉冲宽度,激光传输适应性强	激光质量差	钎焊,焊接,塑料焊接,表面淬火熔覆,快速制造,激光抽运源
准分子激光器	对于大部分材料吸收率高,由于波长短而具有高的分辨率,脉冲宽度,表层吸收,加工精度高	高压问题,高电压可导致有空气电离,光气体,(卤)有毒腐蚀性需要定期加气	精密加工,分条线,钻孔,光纤布拉格光栅写作光刻,脉冲激光物理和化学气相沉积,雕刻
超快 Ti:蓝宝石和纤维激光器	激光脉冲宽度比热扩散时间短,热影响区小,无杂质和重熔材料,不损坏相邻的结构,无裂纹,适用于任何类型的加工方式,"所有功能于光纤维"概念和紧凑稳定的设计	Ti:蓝宝石激光器设计笨重而复杂,对环境敏感,成本和维护费用高,寿命短,光纤激光:不希望在高能量下的非线性效应	膜烧蚀,薄膜结构,在生物体内成像及临床应用,亚消融等

激光器和纤维激光器领域的研发工作也在进行中,通过提高平均功率和光束质量来研制输出功率大的高速光纤激光器,以代替操作复杂的 Ti:蓝宝石激光器。截至今日,光纤激光器在很多方面具有优势,如在激光器效率、光束质量、维护和光束的传输等方面,因此,人们正准备通过大批量生产这种激光器以降低其生产成本,扩大其使用范围。由于光纤激光器的光束质量高,使得它在各类型材料加工中具有一些特殊性,如无条纹切割、实现深宽比大的深熔焊接。在其他方面的应用,如激光表面硬化、重熔、表面合金化以及表面熔覆,所得到的形态和微观结构取决于升温、加热冷却速率、温度梯度和凝固速度等参数,这些参数是由激光器本身决定的。近年来,激光表面改性迅猛发展,使人们认识到开发非传统的激光波形和随时间调变的激光功率极具潜力。表2.2概述了不同激光器的优点和缺点以及它们在材料加工领域中的应用。本节介绍了高功率激光器和它们与材料的相互作用,以及激光在其他材料加工中的应用。

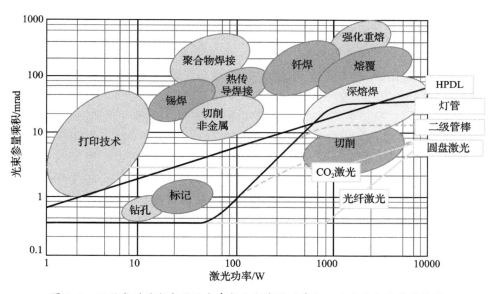

图 2.3　不同类型的激光器综合参数和激光器功率与工业应用中的典型范围

2.2　高功率激光器的近期发展

2.2.1　高功率 CO_2 激光器

高功率 CO_2 激光器的波长为 $10.6\mu m$,它具有利用效率高、功率容量大、激光质量高等优点,所以用途范围很广。连续 CO_2 激光器的功率在工业应用中可以达到 20kW,在试验条件下可以高达 100kW,可以应用在军事防御方面。激光器的介质是CO_2、N_2和He的混合气体,通过放电来激发出激光。现有几种不同的放电方式,可以激发大量的气体产生均匀而稳定的激光。连续波(CW)CO_2激光器中电能向激光的转换效率一般为10%~20%。为了减少剩余的电能在激光器介质中变成热能,现已研发了多种技术。传统的连续波CO_2激光器的电能通过DC(直流)或者RF(射频),热量就会扩散出去。在几千瓦级的CO_2激光器中,这些浪费掉的热量通过热交换器中循环气体产生的对流冷却效应而散失。在对流冷却的连续CO_2激光器中激光功率P_t随着气流速率的增加而增加,如下式:

$$P_t(W) = 120M^*(g/s) \quad (2.1)$$

式中:M^*为气体的流速。两种气流模式分别为快速轴流和横流,它们的流向分别平行和垂直于光轴。轴流模式提供高质量光束,但需要特殊设计的高压罗茨鼓风机或者高速涡轮鼓风机以使气体循环。另一方面,一般横流模式可提供不同类型的激光束,并且可以很容易地通过使用轴向或离心鼓风机提高其功率。由于在工业应用方面具有好的光束质量等优点,快速轴流CO_2激光器在金属板切割和焊接中的应用更为普遍。但是,这种气流会引起一些固有的缺陷,如震动引起的不稳定性、成本高、尺寸大、鼓风机维护频繁和气体消耗所带来的高昂花费。

最新研制的高功率连续波CO_2激光器由RF放电激励并扩散冷却,扩展电极连续波CO_2激光器也称为CO_2板条激光器,巧合的是,德国的Opwer和加拿大的Tulip同时研制成功并申请专利。这种激光器的基本原理如图2.4所示。两个电极的距离大约有1mm,激光器功率可扩展至电极的面积通常为$10kW/m^2$。由于间隙较小,浪费的热量可以直接由水冷电极通过扩散冷却来移除,这样就无需气流来冷却。活性介质是一个特殊的介稳态光学谐振腔,形状为薄而宽的板条状,能有效提取高能束中的激光能量。空间滤波器是由球形和圆柱形的反射镜构成的一个光学器件,能生成$M^2 \leqslant 1$的高质量激光束。现在工业上应用的平板技术的最大功率为8kW。它们可以提供具有高斯分布的激光束能量用于激光切割,并且能提供具有环形分布的能量用于激光焊接。由于光束质量极佳,CO_2板条激光器甚至可以高速切割和焊接铝等高反射率材料,同时具有较窄的切口宽度和较宽的焊接纵深。

2.2.2 高功率半导体激光器

第一台半导体激光器是1962年研制成功的,但是近几年它才发展为高功率激光器。半导体激光器中最普遍的一种类型直接由带隙PN结组成,并通过抽运注入电流。当通过在P型施加偏压+eV和在N型加偏压-eV时,在PN界面上空穴和电子复合,它们通过自发发射过程发光,如发光二极管一样,在特

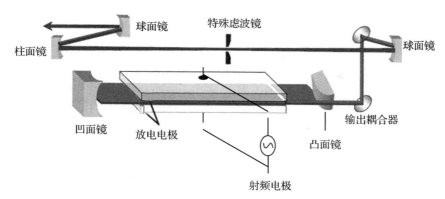

图 2.4 凸面镜射频激励 CO_2 板条激光器的原理图

定的条件下,可以实现粒子数反转和自发发射,从而引起激光的激发过程。大量半导体激光器的半导体由 III:V 族元素的化合物所构成,抽运固态激光器和在材料加工中应用最普遍的高功率半导体激光器基于砷化镓铝和砷化铟镓二极管,它们发射的光束波长分别为 720~880nm 和 940~990nm。激光辐射实际上是在一层厚度约 1mm 的 PN 结薄层上发射的。典型二极管元件的尺寸为直径($1\sim 2\mu m$)×长度 $50\mu m\sim$ 直径 $200\mu m$×长度($1000\sim 2000\mu m$)。受制于技术问题,传统的二极管激光器元件通常只可以得到几毫瓦的激光功率,如从微小的表面区域中(通常为 $1kW/mm^2$)去除余热,损害激光反射镜和半导体材料的稳定性。现如今,用最先进的技术开发的单个二极管激光器,其最大的激光功率范围可以达到几瓦(<10W),其电-光转换效率为 50%~60%。通过对晶体结构体进行详细的研究,了解了其破坏机制和有可能改进制造工艺。图 2.5(a)给出了单个二极管激光器和激光的产生原理。由于激光束是从狭结区(其中结高度 $1\sim 2\mu m$,宽度 $100\sim 200\mu m$)发出的,沿着结高度方向上的发散角范围为 70°~90°(快轴),沿结宽度方向上为 10°~20°(慢轴)。如图 2.5(b)所示,通过在一维数组上排列几个单独的激光器,形成一个约 10mm 长的整体单元,增加二极管激光功率,这样的结构称作二极管激光器条。通常,有一个激光器条的激光器的功率高达 120W,最近在实验室条件下获得超过 500W 的激光器。沿快轴高度发散的激光束由非球圆柱面微透镜准直,以产生平行的光束。功率小于 120W 的激光器通常采用空冷,更高功率的激光条使用的是特殊的水冷微通道散热器,能有效地移除余热。如图 2.5(c)所示,将若干激光器条排列在另一个二维的顶部,激光功率也得到了进一步扩展,达到了千瓦级。如图 2.5(c)中所示每个激光条上安装柱面微透镜,把二维二极管激光器阵列中输出的光束叠加到一起。

在一个堆垛中,二极管的条数可以高达 30 个,发出约 4kW 或更高的输出功率。由于堆垛数是没有限制的,所以理论上激光功率也是没有限制的。然

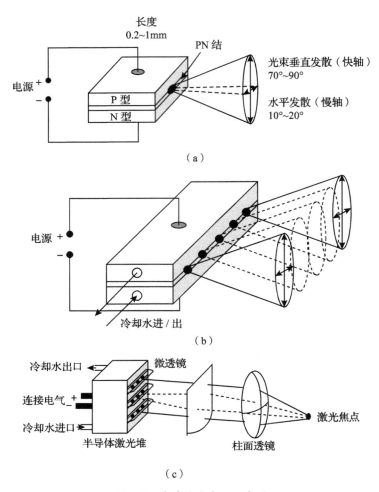

图 2.5 半导体激光器示意图
(a)单个半导体激光器;(b)半导体激光棒;(c)二维排列的高功率半导体激光。

而,堆垛条数的增加会导致激光束的整体尺寸增加,从而引起激光束质量的降低,同时,光束发散角与单个二极管激光器发射角保持相同。虽然激光功率会随着条数的增加而增加,但这也将导致激光器的亮度减小。空间复用、偏振复用以及波长复用等技术方案的设计用于增加叠层数目的同时又不增加光束尺寸,可以增加激光功率的同时不对激光束质量产生不利影响。前沿的研究是继续组合大量的二极管激光器以增加输出功率的同时也协调地改善高功率二极管激光器的光束质量和亮度。目前,工业上用连续二极管激光器直接传输的最大输出功率是 4kW,光纤传输的最大输出功率是 2.5kW。将合适的透镜组合在一起后,二极管激光器系统直接产生成直角光束,其焦点的尺寸范围为毫米级。高功率二极管激光器可直接作用于精度要求不高的操作,如表面硬化。

2.2.3 Nd∶YAG 激光器

灯抽运连续 Nd∶YAG 激光器和脉冲 Nd∶YAG 激光器在材料加工中的应用仅次于 CO_2 激光器,其波长为 $1.06\mu m$,是 CO_2 激光器激光波长的 0.1 倍,在加工过程中更易于被吸收,激光不会诱导出现等离子体,并且可使用柔性光学纤维传输。Nd∶YAG 激光器的活性介质抽运灯是传统的圆柱形杆状,并且沿径向方向冷却,同时激光束沿轴向传播。目前,工业上使用的高功率 Nd∶YAG 激光器,分别为 2kW、4kW 连续可调功率激光器,峰值功率为 20kW,脉冲能量为 129J。灯抽运 Nd∶YAG 激光器的电能转为激光能量的转换效率通常约为 3%,有学者报道过在实验条件下脉冲 Nd∶YAG 激光器的电光转换效率超过 5%。这种激光器的缺点是氙闪光灯的寿命短(只有几百小时)、氪弧灯需要频繁更换、激光器的电光效率相对较低。抽运的能量主要在杆上耗散,其通过表面冷却径向散热,这会引起增益介质的径向温度梯度。由于增益介质发热,会引起透镜和双折射效应。与 CO_2 激光器相比,这两种效应导致 Nd∶YAG 激光器的光束质量相对较差,尤其是在高功率下。最近,随着高功率半导体激光器的研制,已经开发出的二极管抽运固体激光器(DPSSL),有效地克服了上述缺点。半导体激光器有很长的寿命,超过 10 万小时,其发射波长可精确地匹配激光介质中的吸收峰。半导体抽运激光器具有高电光转换效率,激光介质的选择性激励多,抽运和激光光子的能量差别小,以上因素会提高半导体抽运激光器的效率,是抽运系统效率的 5 倍以上。这会使激光介质 PN 结中 N 型上余热的浪费量更低并且光束质量更高。针对实现光束质量和功率扩展的途径,对各种几何形状的激光介质如杆、圆盘和纤维以及抽运激光束方向等进行了研究。在 Hugel 的著作中可以找到相关的各种概念的概述。图 2.6 中归纳了基本的抽运结构和晶体的几何形状,"第一代"DPSSL 中晶体的几何形状、冷却技术和抽运灯激光器基本上是相同的。在此结构中,虽然温度梯度有所降低,但并不能消除。因此,为了克服这些问题,下一代高功率 DPSSL 的发展方

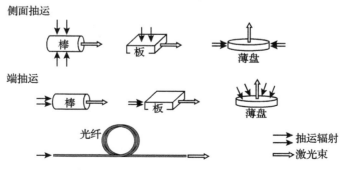

图 2.6 不同半导体激光抽运结构的原理和激光晶体的几何结构

向为薄圆盘和光纤激光器。

2.2.4 半导体抽运固态杆式和条状激光器

半导体抽运固体激光器中,采用了两种类型的抽运,即在端部和侧面使用抽运(图 2.7 和图 2.8)。其他几个固态激光介质的激光器,如 Yb:YAG、Nd:YVO₄ 和 Nd:GdVO₄ 也得到了发展,其中 Yb:YAG 激光器已被证明是用于高功率输出的最佳选择。Yb:YAG 激光器与 Nd:YAG 激光系统相比,抽运和激光光子能量之间的差较小,并且这降低了 Yb:YAG 激光器的热负荷,提高了光的利用效率。最终的抽运形式能提供质量更高的激光束;然而,由于可能会出现热裂纹,它们在高功率下不适合操作。端面抽运多段复合晶体的 Nd:YAG 激光器,激光功率高达 407W,光利用效率高达 54%。端面抽运激光器通常使用 Nd:YVO₄,它的吸收带更宽,但温度变化或二极管的老化会使其对波长的偏移感应迟钝。Nd:YVO₄ 具有光束质量高、谐振器短以及荧光寿命短等优点,使得它能更好地将变频和产生短 Q 开关脉冲结合起来。

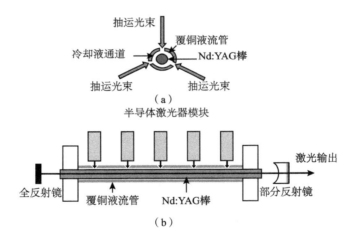

图 2.7 (a)侧面 YAG 激光器的 3 倍对称原理示意图和(b)单个激光器抽运的侧面图

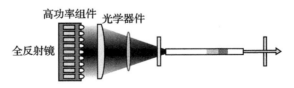

图 2.8 Nd:YAG 激光器的端面示意图

作为抽运结构的一种,侧面抽运方案促使功率扩展。这很好地证明了灯抽运设备多棒技术已被直接利用。研究优化抽运设备的结构提高耦合辐射的均匀性和效率,改进谐振器的设计以及在激光介质中掺杂活性剂用于提高激光性能。Bruesselbach 和 Sumida 通过半导体将单个 Yb:YAG 杆抽运功率提高到了 2.65kW。据报道,在高功率激光器中,光向光的转换效率已高达 50%,电向光的转换效率已高达 13%。1~4kW 功率范围内的侧面抽运棒状多晶体激光器系统已经在工业上应用。近期,已开发出了一个最大激光功率为 8kW 的实验室样机。虽然高功率的侧面抽运棒状激光器是可扩展的,输出光束通常是多模的。但为了获得高功率高光束质量的灯抽运,已开发了二极管抽运条状激光器。在这个设计中,温度梯度几乎维持在一维状态,它通过合理的排列抽运、适当的冷却以及最优的谐振腔设计方式来提取激光,因此,可以将影响温度梯度的因素平均化。图 2.9 和图 2.10 显示出的各种方案,如 Z 字形的激光路径、混合腔,已有研究证明它们能产生高质量的激光束。

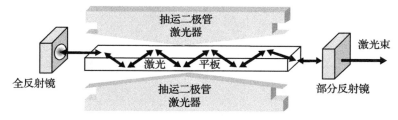

图 2.9 锯齿抽运半导体激光器示意图

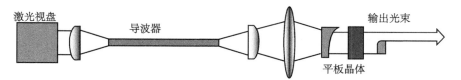

图 2.10 混合腔板条半导体激光器示意图

2.2.5 高功率薄圆盘激光器

为了避免由于热透镜效应而导致棒型激光器产生较差的光束质量,有人设计使用薄圆盘作为激光介质。圆柱形圆盘的高度 l 与其直径 d 相比非常小,即 $l/d \ll 1$,激光器活性介质在这种系统中不能再被冷却。如图 2.11 所示,激光器通过两个大表面中的一个进行冷却,薄圆盘的背面安装到散热器上。不同于侧面抽运棒状激光器,薄圆盘激光器中余热沿轴线流动,因此,在均匀的面抽运上沿半径方向的温度梯度小。所以,"热透镜效应"的问题被最小化并产生了高质量激光束。通过研究,使用 Yb:YAG 激光器开发光束质量高、功率高、效率高的圆盘激光器。作为活性材料,Yb:YAG 允许的掺杂浓度(达到 30%)比 Nd:YAG 的掺杂浓度(0.1%~2%)更高。多薄圆盘激光器的抽运结构为一种典型的抽运结构,其原理图如图 2.12 所示,现在工业上使用的连续激光器的功率达到 16kW,它的光束质量为 6mm·mrad,电光转换效率为 25%。

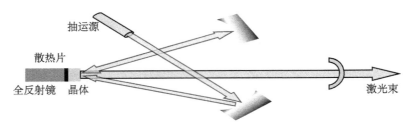

图 2.11 薄盘抽运半导体激光器示意图

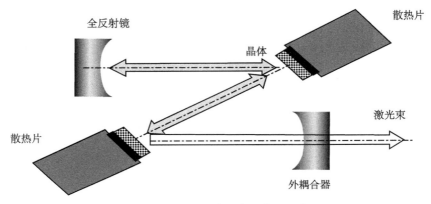

图 2.12 抽运结构多圆盘激光器示意图

2.2.6 光纤激光器

近年来,光纤激光器在激光器领域地位显著。尽管光纤激光器最早制造于 1961 年,但它的许多技术经历了一个漫长的过程后已突破,如高功率半导体激光器、低损耗掺杂玻璃纤维、布拉格光栅和二极管-光纤耦合器等,这些技术的发展,使光纤激光器兼具高功率、高效率、高光束质量、体积小、设计模式固化、寿命长等优点。光纤激光器的活性增益介质是掺杂稀土类元素的光学玻璃纤维,如钕、镱、铒,由二极管激光器在 950~980nm 波长范围内抽运。各种掺杂物质里面,用于材料加工领域的高功率光纤中的镱(Yb)是最常用的元素,因为它的低量子数亏损(在抽运和激光光子能量小的差异),而具有高的(约 94%)量子效率。掺 Yb 光纤激光器的波长是 $1.07\mu m$。高功率光纤激光器是双包层光纤结构(图 2.13)。光纤的芯是增益介质,它被两层包层包覆着。激光在芯上传输,同时抽运光束通过外包层传播,但外层包覆使抽运光受到限制。这种设计使芯拥有比本来更高的功率抽运,并且可以使相对较低亮度的抽运光转换成一个更高亮度的激光束。单模光纤激光器的典型的芯,其直径约为 $10\mu m$,它的内包层直径约为 $400\mu m$。由于光纤具有较高的表面积与体积之比,所以它们不像 Nd:YAG 杆状激光器具有散热方面的问题,光纤激光器易散热。光纤激光器是"全光纤"技术,该技术对失准免疫,并且运行过程中不要求做任何调整。与外部谐振腔反射镜不同的是,布拉格光栅在光纤芯中作为光学谐振腔的反射镜,光纤布拉格光栅是由周期性变化的折射组成的。光栅的纵向周期确定反射光的波长,并且折射率变化幅度控制反射辐射的百分比。从一个单一的光纤中可以提取最大激光功率,由光学损伤临界值的功率密度和活性芯的非线性现象所控制,这些因素会导致激光的性能变差。在工业应用中,一个单一的光纤激光器的激光功率被限制在800W(约为衍射限制光束质量的2倍)左右,而在实验室条件下已经研制出3kW的激光器。图2.14为一个典型的光纤激光器系统,其中总功率为1.8kW的高功率二极管激光器被用来从光纤两端的抽运,产生1.36kW的输出功率的激光,其光束质量$M^2=1.4$。已经实现较高的功率调节范围,它通过将几个光纤平行排列在一起,并且将它们输出组合成一个直径约为100μm的光束传输光纤。工业上应用的高功率光纤激光器的功率可高达10kW。掺镱光纤激光器的电光转换效率大于30%。因为高功率光纤激光器具有光束质量高、效率高、功能性强、设计固化和结构简易等特点,所以它成为了激光切割、焊接、快速制造、微加工以及其他工业领域的首选。

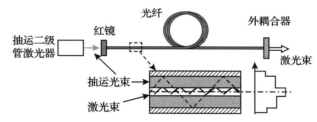

图2.13 光纤激光器的双包层光纤结构示意图

图2.14 掺镱光纤激光器:两个抽运源试验布置(HR 高反射率)

激光功率通过并排放置多个光纤组合使激光输出时功率增加,产生的光束参数也在增加,此时光束质量会下降。一个光纤最低级模式的激光功率主要由光纤芯中的激光辐射的严格约束所引起的非线性效应和光学损伤所限制。可通过增加光纤芯直径来减小芯中的激光能量密度避免这些影响。但较大直径的芯会产生多模激光光束,就达不到上述目的。最近开发的一项新技术,即空气-二氧化硅显微结构光纤,也称为光子晶体或多孔光纤,已经实现了光纤激光器在性能和结构方面的另一个突破。这种光纤由纯二氧化硅纤芯和包围着它规则排列的气孔构成,获得了传统阶梯型光纤所不能获得的特殊的导向性能。图 2.15 表明了光子晶体光纤(PCF)能够在超过一个长波长范围的大直径芯内保持严格的单模。Limpert 等研发了具有大模场面积掺镱光纤的光子晶体光纤激光器,并从具有 $2000\mu m^2$ 模场面积的 60cm 长的纤维中获得输出功率为 320W 的单模质量光束。在传统的阶梯型光纤中,如此大的模场面积会导致多模输出。大芯显著抑制了有害的非线性效应,因此,允许在高峰值功率光纤激光器和放大器系统操作中具有可扩展性。在连续操作中,通过光纤放大器会获得限制性衍射质量的光束,其激光功率可高达 6kW。在维持限制性衍射光束质量的前提下,利用各种光束组合技术研究开发功率范围更大的激光器。

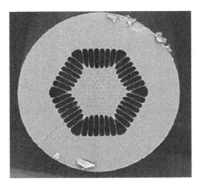

图 2.15 空气复合掺镱大模式面积纤维的电子扫描显微镜照片

2.2.7 陶瓷 YAG 激光

传统的固体激光增益介质的主体是由单晶材料或玻璃制成的。掺杂高浓度的单晶生长成大尺寸是比较困难的,陶瓷 YAG 激光器与单晶类型的激光器相比具有很多优点,如生产成本低、质量可控性强、尺寸大、形状自由度大以及可在生产成本相对较低的情况下在空间上掺杂不同的剖面等,这使它成为高功率、高亮度固体激光器的发展方向。近日,已有报道显示,半导体抽运、混杂复合材料 Yb-YAG 陶瓷激光器可以连续输出高达 340W 的功率。陶瓷增益介质在需求大量增益介质的应用中具有很好的应用前景。

2.2.8 准分子激光器

准分子激光器受到人们的重点关注,作为分子气体激光器,它们的输出波长范围为 157~351nm 的紫外线。准分子是在电子激发态形成的,它们的基态是相互排斥的或者非常弱的结合。在大量的同核惰性气体(Ar_2、Kr_2、Xe_2)中,卤素气体(F_2)和惰性-卤素气体(ArF、KrF、XeCl、XeF、XeBr)已经成功应用于激光。在科研、医疗、工业制造应用中最常用的是 ArF、KrF、XeCl 和 F_2 这 4 种类型的准分子激光器,它们的激光波长分别为 193nm、248nm、308nm 和 157nm。这些激光器在不同的气体压力氛围中运行,由脉冲放电或者电子束激发,典型的激光器的脉宽是 10~50ns。工业上使用的准分子激光器的单个脉冲能量可以达到 1J,频率可以高达 1kHz,平均激光功率可达 300W。准分子激光器作为一种独特的工具在微结构直接光烧蚀中扮演着重要的角色。它们烧蚀各种金属、陶瓷、有机材料和生物材料时精度极高。可用于在喷墨打印头、微电子中的微结构、太阳能电池、医疗器械和塑料薄膜上钻非常精确的孔,微光刻用于制作半导体芯片的光学蚀刻和薄膜沉积的光切除等。准分子激光器的基本详情、技术发展水平和其在工业、医学领域中的应用在科学仪器导报(Review of Scientific Instruments)中有详细记载。

2.2.9 高平均功率脉冲激光器

在许多材料加工应用中,如激光打孔、标记、点焊、表面硬化处理、微加工和烧蚀等,具有高重复率、高平均功率、持续时间短这些优点的激光器可优先考虑。现已经研发出了几种激光器,如 TEA CO_2 激光器、自由运行的 Nd:YAG 脉冲激光器、调制功率连续 CO_2 和 Nd:YAG 激光器、Q 开关 CO_2、Nd:YAG 激光器和准分子激光器,它们产生的脉冲激光的脉冲时间在毫秒与纳秒范围之间,其激光器平均 Q 开关激光功率达到了千瓦级。已经开发出的 Q 开关光纤激光器,由于它具有前面提到的一些优点,使它被广泛应用在标记、钻孔、修边、微机械加工、切割、太阳能电池和硅划线等方面。还有如利用半导体可饱和吸收镜、声光调制器(AOM)开发了几种 Q 开关技术,利用 AOM 和受激布里渊散射开发了混合 Q 开关技术。这些技术被美国罗切斯特大学的光学研究所报道过。现如今,工业上使用的紧凑而高效的 Q 开关光纤激光器的平均功率高达 200W,峰值功率为 150kW,脉宽为 40~500ns,激光频率为 20~400kHz。最近,也已经开发了脉宽为 0.2~20ms、最大脉冲能量为 15J 以及平均功率为 150W 的脉冲光纤激光器,其有望取代抽运灯 Nd:YAG 脉冲激光器。

2.2.10 高速激光器

过去 10 年中,高功率高速激光器在科研、医疗和微加工等领域备受关注。脉冲 Ti:蓝宝石激光器和光纤激光器这两个高速激光系统体现了高速激光器的快速发展,旨在提高激光脉冲能量、脉冲频率和减少脉冲持续时间。这些高速激光器基于主振荡器和功率放大器(MOPA)(采用啁啾脉冲放大(CPA)方法)。基本的啁啾脉冲放大过程中产生高速激光脉冲,或在宽的增益带宽激光振荡器中产生一个脉冲,通常使用锁模技术,通过色散元件延伸脉冲时间,在一个高增益放大器中放大加宽的脉冲,之后压缩放大的激光脉冲使之达到极高的峰值脉冲功率,原理如图 2.16 所示。如果一个激光脉冲在进入高增益放大器之前没有拉伸,由于放大的激光脉冲有极高的功率密度,会产生各种非线性效应,这会导致激光脉冲遭到恶化并且放大器中的活性介质也会遭到破坏。在时域中拉伸该脉冲会降低峰值强度。

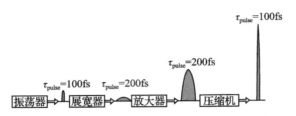

图 2.16　高功率超短脉冲产生的 CPA 原理(脉冲宽度是为了克服在放大器中由于高功率激光脉冲导致的光学材料的损坏)

Ti:蓝宝石激光器在连续和超短脉冲两种模式中光谱范围(660~1180nm)都很宽。Nd:YAG 激光器和 Nd:YLF 激光器的抽运是由氩离子激光绿光输出或二次谐波进行的。按照目前的技术条件,与脉冲光纤激光器相比,Ti:蓝宝石激光器在短脉宽激光脉冲的条件下可以提供相对较高的脉冲能量。已经开发出的高脉冲频率(1~40kHz)、高平均功率(10~40W)、脉宽为 36~100fs 的高速 Ti:蓝宝石 CPA 激光器被应用于微加工领域。图 2.17 为一个典型的 Ti:蓝宝石 CPA 激光系统。从图 2.17 可以明显地看到,Ti:蓝宝石激光系统有大量的有源和无源光器件,并且在自由空间中精确地对齐。由于这种设计的复杂性和高成本,高速 Ti:蓝宝石激光器会面临来自飞秒光纤激光器快速发展的激烈竞争,因为使用的是光纤和光纤耦合器,使得它们的结构相对坚固而简单,并且购买成本和维护费用比较低,如图 2.18 所示。顶尖的飞秒光纤激光器可以

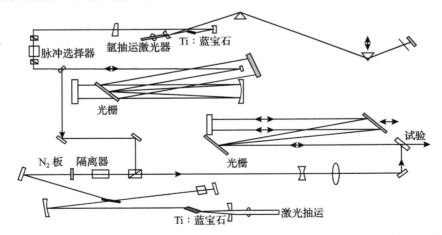

图 2.17　Ti:蓝宝石 CPA 激光系统的光学布局(由振荡器、光栅支架,放大器、光栅压缩组成)

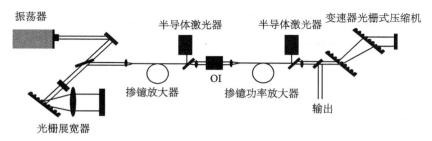

图 2.18　高平均功率光纤 CPA 系统和 OI 光学隔离器的原理图

提供短至 100fs 的激光脉冲和平均功率高达 835W 的 660fs 的激光脉冲,在频率为 87MHz 的情况下,每个脉冲能量为 10μJ。

近年来,光纤激光器在高功率激光器方面发展显著,它具有光束质量高、纤维传输、总效率高、功率高、连续波、脉冲宽度宽、结构紧凑、设计简易、维修方便、经济适用等良好特性,因此成为很多材料加工应用的首选。

2.3　激光和材料的相互作用

当一束激光入射到材料中时,一部分光束被反射或者在表面上散射,余下的部分在材料的内部传播,其中一部分被吸收,其余穿过材料发射出去(图 2.19)。所吸收的激光能量,通过加热材料使其温度升高(热解过程)。根据吸收激光功率密度和相互作用时间,激光束可加热、熔化、蒸发和烧蚀材料,并且还可以形成等离子体。如果激光的光子能量大于分子结合键能,分子键可以直接吸收光子并且打破键合(光解过程)。

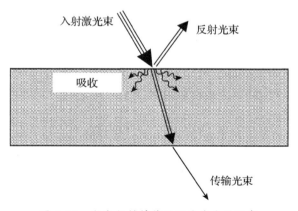

图 2.19　激光与材料作用可能产生的现象

这些现象如图 2.20 所示。通过控制激光的功率密度和相互作用时间,实现了激光对不同材料的多种加工模式,如第 1 章中所述。激光束在材料的表面发生反射,在内部被材料吸收和材料本身烧蚀,它们都受激光波长、功率、空间和时间特性这4个因素的影响。以下章节将概括性地描述各种激光参数对材料吸收激光束和材料烧蚀的影响。

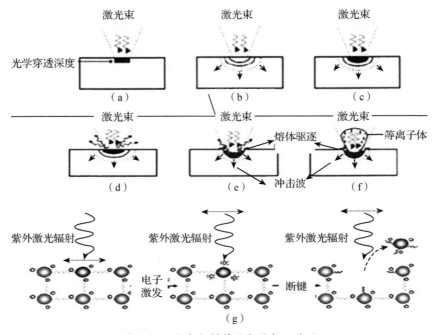

图2.20 激光与材料的各种相互作用
(a)吸收;(b)加热;(c)表面熔化;(d)表面蒸发;(e)去除;(f)等离子体的形成;(g)光子去除。

2.3.1 激光在材料中吸收的基本机制

激光辐射的波长范围从红外光波长到紫外光波长,主要和材料中的电子(自由态或非自由态)发生相互作用,由于离子比较重而不能对高频率($v > 10^{13}$ Hz)的激光辐射发生显著的反应,因此,材料的吸收特性主要取决于半导体和绝缘体或者金属中的电子束缚能量状态。通常,激光辐射对束缚电子的影响甚微,非激光辐射具有的光子能量 hv,大于或等于电子跃迁到高电位所需的光子能量。其中 h 是普朗克常量,v 是激光光子的频率。自由电子可以加速到2倍激光能量。然而,由于激光辐射的电场在高频率下会周期性地改变它的方向,除非它们与材料中的电子或离子进行频繁的碰撞,振荡电子才会再次辐射出能量。由于材料中的自由电子密度和离子密度非常高,震荡电子会与其发生高频繁的相互作用,并且在 10^{-16} s 的时间内吸收激光的能量。这个吸收过程称为韧致辐射的逆过程。在 $10^{-15} \sim 10^{-14}$ s 的时间内通过电子与电子的碰撞,这些能量会在电子系统中快速转换。在时间 $t_i \approx 1 \text{ps}(10^{-12})$ 内,该电子的能量通过电子-光子碰撞过程转移到晶格中,当目标材料被加热时,发生电子与晶格系统的热平衡。

在半导体材料中,导电带是空的并且自由电子也很少,激光束具有的光子能 hv 小于间隙能,在低的能量强度下,间隙能(E_g)不能被吸收,只有光束具有的光子能量超过间隙能时($hv \geqslant E_g$),它才能通过键带过渡的有价带电子吸收。当电子填充部分导电带时,类似于金属通过电子的跃迁激励而发生进一步的吸收。绝缘材料,如玻璃、石英、陶瓷和其他的有机高分子材料,这些物质没有自由电子来传递波长为可见光至红外线范围内的激光;然而,它们通过振动能量激发,容易吸收 CO_2 激光器所产生的波长为 $10.6\mu m$ 的光束。

有机物材料通常没有足够的自由电子,然而,当激光光子的能量增加达到分子间的结合能时,如 C=C、C=O、N=N 等,它们也可以大量吸收激光光子。吸收的光子能量可以直接打破结合键释放出气体或者消耗这些能量变成热能。准分子激光器的光子能量分布在紫外线以外的区域,其能量相当于有机物材料的结合键能。因此,除了热效应的影响,还和光化学过程有关,如材料的光切除。

1)材料的吸收特性:线性吸收

激光辐射在材料表面的反射,当光束穿过材料的内部时其强度会发生衰减,这取决于材料的折射率。材料的折射率是复数,如下式:

$$n^* = n + ik \tag{2.2}$$

式中:n 和 k 分别为折射率的实部和消光系数。透明材料的消光系数 k 可以忽略不计,在垂直入射的条件下,任意角度的折射率由菲涅耳定律给出:

$$R = \{(n+1)^2 + k^2\}/\{(n-1)^2 + k^2\} \tag{2.3}$$

材料的反射率 R、吸收率 A 和透射率 T 的关系为

$$R + A + T = 1 \tag{2.4}$$

对于不透明的材料,如金属材料 $T=0$,其吸收率为

$$A = 1 - R = 4n/\{(n+1)^2 + k^2\} \tag{2.5}$$

复折射系数的实部 n 和虚部 k 分别依赖于激光的波长。对于绝大多数金属材料而言,如铁、铝、铜、钛、镍等,在可见光到紫外光波长($0.4 \sim 10\mu m$)的范围内,它们的 k 值相对于 n 值比较大。因此,室温时,这个波长范围内的大多数金属的反射率(式(2.2))都比较大。一些常用金属的波长与反射系数的关系如图 2.21 所示。图中还给出了 Nd:YAG 激光器和 CO_2 激光器的激光束波长。随着材料中电子的碰撞加剧,材料的温度会随之增加,吸收系数也会增加。当材料的温度接近熔点时,吸收系数值非常高并趋于饱和,这时,吸收的波长范围是没有限制的,如图 2.22 所示。对于长度大于 $10\mu m$ 的长波,吸收系数的关系如下式:

$$A \approx 0.365(\lambda\sigma_0)^{-0.5} \tag{2.6}$$

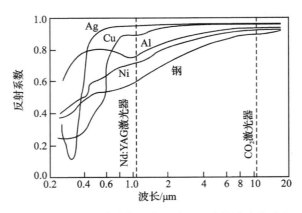

图 2.21 几种金属材料抛光面对不同波长的反射系数

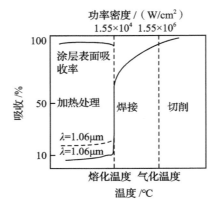

图 2.22 温度对激光吸收系数的影响

式中:σ_0 为材料的直流电导率,温度对 A 的影响表现在当温度升高时,σ_0 会减小。穿过材料内部的那部分光束,随着穿透厚度的增加而衰减,其吸收率和激光的强度如 Beer-Lambert 公式所示:

$$I(z)=(I-R)I_0\exp(-\alpha z) \tag{2.7}$$

式中:I_0 为激光的入射强度;$I(z)$ 为激光在穿透厚度为 z 后的强度;α 为吸收系数。在单位体积内,激光功率在穿过厚度为 z 时的吸收量 $P(z)$ 表示为

$$P(z)=(I-R)I_0\exp(-\alpha z) \tag{2.8}$$

吸收系数 α 和消光系数 k 的关系为

$$\alpha|=4\pi k/\lambda \tag{2.9}$$

激光辐射完全衰减时透过的深度,可以用指数因子来表示其消光长度,即

$$l_a=1/\alpha=\lambda/4\pi k \tag{2.10}$$

大多数金属材料对于波长为 $0.5\sim10\mu m$ 的激光束,其吸收系数范围为

$10^5 \sim 10^7 \mathrm{cm}^{-1}$，吸光长度一般在数十纳米范围之内。

由于波长较长的激光的光子能量比带隙能小，在半导体和绝缘体中只有很少的自由电子，因此，消光系数 k 可以忽略不计。波长较短时（$hv \geqslant E_\mathrm{g}$），电子可以形成导带跃迁，会产生大量的电子-空穴对，消光系数 k 和吸收系数 α 变得相当大，因此导致激光束的强烈吸收。

由上面的描述可以总结出大多数金属具有较高的反射率，因此，在室温条件下，只有很少的一部分能量被材料吸收。激光束在一个很薄的光学厚度上发生消减，大约在数十纳米范围内。波长越短、材料表面温度越高，吸收系数越大。除了热效应的影响，激光与材料的相互作用可能还与光化学作用有关系，如材料的光切除。

2) 非线性吸收过程

正如上述对吸收过程所描述的那样，吸收性和激光强度无关，即吸收系数是线性的。在半导体材料中，随着激光辐射入射强度的增加，导带中的电子密度也随之增加，$hv \geqslant E_\mathrm{g}$，通过带间激励和电子-空穴对密度的增加导致吸收系数也随之增加。在这种情况下，激光强度对吸收系数也会产生一定的影响。同样地，对于绝缘材料，如玻璃、石英具有一个非常宽的能带间隙，并且能够直接透过可见光到近紫外激光的波长范围。线性吸收是可以忽略的，并且当激光功率密度低于 $100\mathrm{MW/cm}^2$ 时，它们不能吸收激光辐射。然而，在更高的激光功率密度（$>10^{10}\mathrm{W/cm}^2$）下会产生纳米级或者更短的激光脉冲，通过光致电离作用，电子从价电子带跃迁到导电带，如多光子电离（MPI）和隧道光致电离（TPI）。当一个超短的激光脉冲作用在材料上时，激光功率密度在 $10^{10} \sim 10^{14}\mathrm{W/cm}^2$ 范围内是很容易实现的。

在多光子电离中，一个电子可以同时吸收多种光子，以得到足够的能量去越过能带间隙。光子的数目 n 如下式：

$$nhv > E_\mathrm{g} \tag{2.11}$$

式中：E_g 为材料中的带隙或电离能。

另一方面，在一个更高的电场值情况下，超高的激光功率密度会产生超快激光脉冲。价电子可以通过隧道光致电离过程进入导带。

多光子电离还是隧道光致电离占主要作用，这取决于所谓的绝热性参数 γ，如下式：

$$\gamma = \omega(2mE_\mathrm{g})^{1/2}/e\varepsilon \tag{2.12}$$

式中：ε 和 ω 为电场的强度和频率，由聚光激光束产生；m 和 e 分别为电子的约化质量和电荷。

当 $\gamma \ll 1$ 时，电场强度高并且多光子电离作用大于隧道光致电离；当 $\gamma \gg 1$ 时，隧道光致电离起主导作用。

当电子通过非线性光致电离作用跃迁到传导带时,就作为种子电子并且通过光致电离的逆过程继续吸收激光能量。如果自由电子的动能超过一个临界值,它们就可以电离其他束缚电子进而引起电子雪崩过程(AIP)。在雪崩过程中,自由电子密度以指数方式增加并且形成电子-离子等离子体。研究发现,在100fs 范围内的超短激光脉冲下,MPI 和 TPI 过程在产生离子体和材料烧蚀中扮演着重要的角色,并且也发现在相对较长的激光脉冲下,AIP 过程占主导作用。AIP 的临界强度通常符合 $1/\lambda^2$,并且脉宽减小,当等离子体中的电子密度达到临界值($10^{18}/cm^3$)时,等离子体频率和激光辐射频率相同,等离子体吸收足够的激光能量,随之,不可逆转的光学破坏和材料烧蚀就会发生。超短激光脉冲的临界激光通量 $F_{th(fs\text{-}ps)}$ 表示为

$$F_{th(fs\text{-}ps)} = \rho L_v/\alpha = \rho L_v \lambda/4\pi k \tag{2.13}$$

式中:ρ 和 L_v 分别为材料蒸发时的密度和潜热。式(2.12)表明了超短激光脉冲对材料烧蚀的阈值影响取决于激光的波长和材料的特性。

2.3.2 激光束空间特性的影响

激光光斑直径的大小决定了聚焦点上的激光功率密度,在一些激光加工领域中,光斑直径是一个非常重要的参数,如激光切割、深熔焊、标记、钻孔、精密加工,光斑直径也依赖于激光束空间特性。空间特性决定了激光束的质量,可以由 M^2 或者光束几何参数来表示,它们的关系为

$$M^2 = (\pi/2\lambda)(激光几何参数)$$

真实光束的发散半角,由下式给出:

$$\theta_{1/2} = 2M^2\lambda/\pi d_b \tag{2.14}$$

式中:λ 和 d_b 分别为激光束波长和光束直径。

当激光束由透镜聚焦到工件表面上时,光斑直径 f 和透镜的焦距 d_f 可以由下式估算:

$$d_f = 2f\theta_{1/2} = 4M^2\lambda/\pi d_b \tag{2.15}$$

最低阶 TEM_{00} 模激光束,$M^2=1$,这将会产生最小光斑直径,由下式给出:

$$d_{b_{f\min}} = 4\lambda f/\pi d_b \approx \lambda F \tag{2.16}$$

式中:f/d_b 等同于透镜的 F 数,并且假定透镜的直径和光束相等。F 数的最小值能接近 1,这可以产生最小斑点直径,即

$$d_{f_{\min}} \approx \lambda \tag{2.17}$$

因此,在激光应用中,如精密加工时需要设计非常小的光束尺寸,铜蒸气激光器的激光波长超短,Nd:YAG 激光器的高次谐波、准分子激光器的光束质量更好。

2.3.3 激光脉宽的影响

当激光与材料的作用时间在电子-晶格热化时间(约1ps)甚至更小(100fs)范围内变到非常小的持续时间后,激光与材料的相互作用有显著差异。正如 2.3.1 节所提到的那样,当一个激光脉冲入射到材料上时,激光脉冲能量会在材料表面上的消光厚度范围内被吸收并且发生衰减。激光能量到热量的转换中,这些热最后传到材料中,便建立了分布在材料内部的温度场。在单个激光脉冲内,热能传导的距离可以由热扩散长度给出,$l_d = 2(\kappa \tau_l)^{1/2}$,其中 κ 为材料的热传导,τ_l 为激光脉宽。当激光脉宽 τ_l 足够大时,即 $l_d > l_a$,热扩散过程具有重要的意义,并且这个过程控制着材料中温度的上升。因此,对于连续至 10ps 长度的脉宽,激光相互作用过程基于热扩散,激光对材料烧蚀的阈值与激光脉冲宽度的平方根有关。与高速激光脉冲(式(2.12))相似的是,对于脉宽为纳秒至皮秒的激光阈值可以用下式估算:

$$F_{\text{th(ns-ps)}} = \rho L_v I_d = 2\rho L_v (\kappa \tau_l)^{1/2} \tag{2.18}$$

由于热扩散的作用,脉宽较宽时加工过程中产生间接热影响。当激光脉冲很短时($\tau_l \leqslant 1\text{ps}$),电子系统被加热到非常高的温度,并且电子-离子系统趋于热化。然而,没有足够的时间将能量转移到晶格中,也就是说,材料不会被加热。在高激光功率密度($10^{10} \sim 10^{14}\text{W/cm}^2$)下产生的超快激光脉冲,离子得到足够的能量以至于破坏了晶格结构的束缚,并且这个晶格之间的破坏是瞬间的,不会将自身的能量传递到周围的离子中,直接发生固体-气体的转变。对于极短的激光脉宽来说,热扩散的深度一般限制在一个小的范围内($l_d > l_a$),因此,热效应可以忽略不计。当脉宽为 10ps 的范围时,在一个激光脉宽内,电子系统被加热,而离子的热效应可以忽略不计。对于不同的激光功率会产生不同的现象,激光脉冲在皮秒至纳秒时间范围时会引起材料的蒸发和烧蚀。这些现象的机制在 2.3.4 节中做了概括的说明。在超短脉冲情况下,材料烧蚀的临界激光阈值不依赖于激光脉宽,如式(2.12)所示。由于只有相对较少的热会影响加工质量,短脉冲相比于长脉宽具有更大的优势。纳秒和飞秒激光脉冲在薄钢箔上的钻孔如图 2.23 所示。由纳秒激光脉冲所钻的孔产生了间接的热损坏,相比之下,由飞秒激光脉冲所钻的孔没有这种缺陷。

2.3.4 材料去除机制

激光束入射到材料表面时会产生不同的作用,激光功率密度和相互作用时间不同时,会发生加热、熔化、蒸发并形成等离子体。在激光功率密度升高到 MW/cm^2 级别时,材料移除机制通过蒸发反作用力产生蒸发移除和熔化移除。当功率密度相对较低时,材料的移除机制以熔化移除为主。在激光功率密度很

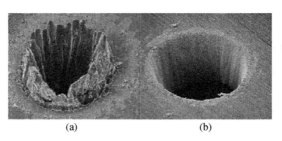

图 2.23 使用钛蓝宝石激光脉冲在两种参数下对 $100\mu m$ 钢板钻孔的 SEM 图像
(a)$t=3.3ns$,$F=4.2J/cm^2$;(b)$t=200fs$,$F=0.5J/cm^2$。

高时,纳秒甚至更短的激光脉冲产生的激光功率密度超过 $1GW/cm^2$,所产生的爆破性的蒸发称为激光烧蚀。通过线性吸收、非线性多光子吸收、隧穿电离和电子雪崩过程,表面被瞬时加热到超过材料的气化温度,对于透明材料而言,隧穿电离和电子雪崩过程为吸收激光辐射的主要方式。激光脉宽内材料的表面温度超过汽化温度时,相比于激光脉宽,能量在表面通过蒸发的散耗是很慢的。在表层蒸发之前,基材达到了汽化温度,在基材的压力和温度远大于临界值时,表面发生爆破。汽化过程非常快以至于使材料没经历液相就直接被蒸发,并且在小孔的周围没有发生熔化。激光功率在 $MW/cm^2 \sim GW/cm^2$ 范围内,就会发生汽化、烧蚀或者二者同时发生。当功率密度在 GW/cm^2 级别时,表面周围的蒸气或其他气体会发生电离而形成等离子体。这就会使得情况更加复杂,由于等离子体可以吸收激光辐射。当等离子体扩展,耗散进而变薄时,激光能量可以再次到达材料表面,接着另一个等离子体产生分解、散失,以此循环。这种现象使加工不稳定并且会降低加工效率,如焊孔。蒸气中的等离子由功率密度为 GW/cm^2 的脉冲产生,并且在纳秒时间范围内,在辐射表面可以产生高达 $10^5 MPa$ 的反冲压力。在材料中,如此高的反冲压力可以产生非常强的冲击波,冲击波可以在材料表面产生压应力以提高表面性能。

在飞秒脉冲持续时间内,通过激光照射,电子温度可以升高到 $10^4 \sim 10^5 K$,然而,在这么短的时间内,离子和晶格还没有被加热到如此高的温度。结果,在激光脉冲时间内,在电子与晶格组成的系统中建立了强烈的非平衡态,之后,发生电子-晶格之间能量的转换,最终导致材料的烧蚀,在较大的空间和时间范围内,发生一系列的热加工和非热加工。用试验和数值模拟对高速激光脉冲产生的激光烧蚀物理学进行了具体研究。通过时间分解试验,Linde 和 Tinten 阐述了在皮秒和飞秒激光脉冲辐射下,在一个较长的时间内(纳秒),材料从金属材料和半导体表面移除的相关原理。他们通过热力学、流体力学和光学性质等原理,解释了材料在不同状态下短脉冲激光导致的瞬时热过程中产生的烧蚀。基于热传导方程、流体力学、分子动力学建立的理论模型,推导出了强脉冲激光烧蚀。依据这些研究,根据材料的性能、激光能量密度,烧蚀可以通过下列一个或多个过程产生。

(1) 库仑爆炸。由于非线性光电效应,会形成 10^{11} V/m 的电场,这超过原子间的结合能,会使得材料的几个原子层发生烧蚀,尤其是在绝缘材料中。在大多数绝缘物质中发现了这种现象,在金属中却很少见。

(2) 强吸收性固体。这取决于在不同特定区域和内外部条件下的能耗量,如惯性约束,烧蚀可以通过以下不同的途径增加吸收的能量。

崩裂:接近激光烧蚀阈值时,快速加热过程使电子温度升高,从而引起的拉应力诱发缺陷产生。

相爆炸:在更高的激光功率密度下,过热液相中形成均匀的气泡,一旦气泡爆炸便会引起液体急剧分解,成为液滴和气体的混合物。

破碎:均质材料中,在高应变速率作用下(高的能量超临界流体)分解。

蒸发:单体集体喷出。

对于线性吸收能量的材料,激光能量密度会在一个给定的深度呈对数变化,因此,能量深入到靶中,此处能量密度略高于临界值,之后,随着能量密度的增加,系统发生相爆炸、破碎和汽化。根据上面的描述,可以得出,在超快激光脉冲的情况下,在一个激光脉冲结束后的纳秒时间内,材料通过各种非热过程和热过程移除,激光加工质量是由激光能量密度和激光脉冲宽度决定的。在超快激光脉冲的情况下,当激光能量以两种不同的速率增加时,材料移除的厚度也随之增加。在相对较低的激光功率密度下,F_a 在激光脉冲结束后,热传导不显著的条件下,烧蚀的深度可表示为

$$Z_a = \alpha^{-1} \ln(F_a / F_{\text{th(fs-ps)}}) \tag{2.19}$$

在高的激光能量密度下,F_a 在激光脉冲之后,热传导显著并且对材料的移除产生贡献,类似于激光脉宽为皮秒至纳秒的情况,烧蚀的深度可以由下式给出:

$$Z_a = 2(k\tau_l)^{1/2} \ln(F_a / F_{\text{th(fs-ps)}}) \tag{2.20}$$

飞秒激光器加工的另一个重要特性是:它不仅可以获得高质量的机械加工,而且能产生亚波长范围尺寸。在时间控制上,非线性吸收过程的临界激光功率密度更加精准。只有当激光强度超过一个特定的阈值时,才会发生激光烧蚀。当一个高斯激光束聚焦到材料上时,非线性吸收和材料烧蚀发生在由激光聚焦斑点为中心向外一定的径向距离的范围内,这里的激光强度超过了临界值(图 2.24)。因此,飞秒激光原则上可以产生小于激光波长的特征尺寸。这种热扩散长度(l_d)都非常小,这就使飞秒激光器因具有高精度的优点而被广泛应用于微加工领域。

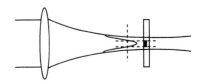

图 2.24　激光聚焦光斑的强度分布可以被控制,使靠近中心的一小部分是上述的击穿阈值。采用这种几何结构,可以得到聚焦点斑点击穿尺寸

2.3.5　激光材料加工领域的最新发展

自从 1960 年发明激光以来,对于激光在材料加工领域中的应用(LMPA)(如激光切割、焊接、钻孔、打标、切割、表面硬化、表面合金化、激光熔覆、表面纹理化、冲击硬化、成形、微加工、选择性激光烧结、快速制造等)的研究和开发一直持续未衰退。激光在各种材料加工应用中的实验和理论研究迫切需要建立新的加工特色和预测理论模型,提高对各种加工方法的理解,优化激光和工艺参数,以实现最佳加工结果。最近开发的高功率激光器,如半导体激光器、光纤激光器和飞秒激光为材料加工领域带来了许多新颖而有趣的发展。

1)光纤激光器在材料加工领域中的应用

光纤激光器极好的光束质量使它在激光加工领域中成为提高质量的一种加工方式。例如,使用光纤激光器进行无条纹切割,这主要是由于光纤激光器具有极好的光束质量。在过去的 30 年中,通过不同的努力去了解条痕形成机制,并且通过优化激光质量和参数来消除条痕,但是形成的机理和消除的方法始终没有完全弄清楚,直到 Lin 等研究出了无条痕切割,证明了在氧气辅助及特定的切割速度下,高功率光纤激光器可以实现无条痕切割,它是由激光束斑点内材料与激光相互作用的时间决定的,近似等于通过工件厚度前的汽化时间。Meng 等使用光纤激光器对 AISI316 不锈钢心血管支架进行了切割,并且碎屑和热响应区都非常小,如图 2.25 所示。由于光纤激光器具有非常小的焦斑点尺寸和高的功率密度,它可以在很高的速度下切割材料,并且具有最小的切口宽度和热影响区。因此,光纤激光器集成了线性电机高速数控工作台功

(a)　　　　　　　　(b)

图 2.25　316L 不锈钢血管支架
(a)使用光纤激光器切割;(b)使用 YAG 激光器切割。

能,在切割薄板方面能够和冲裁装置相媲美。

使用光纤激光器对不同材料实现了具有大深宽比的高质量焊接,如钢铁、铝合金、钛合金。

图2.26给出了各种用于太阳能电池生产的激光。也引起了硅晶片精密加工、集成电路和光电器件等方面的关注,另一个发展是水刀激光加工。Nd：YAG激光器和光纤激光器的连续或者脉冲激光束,耦合了直径为50～100μm和几厘米长的喷水管作为波导管。相比于传统的激光切割,水刀激光加工具有一些优势,例如,由于没有光束聚焦斑点而具有的大的工作距离、窄而平行的切口宽度、清洗程序、无污染以及由于喷水管冷却作用而具有的非常小的热影响区。

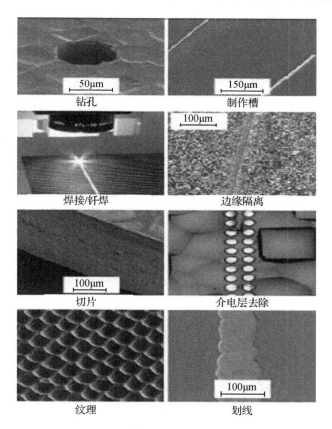

图2.26 激光在太阳能电池生产中的应用

2)非常规激光束在材料加工领域的应用

最近,一些研究报道了非传统激光束的空间形状和激光功率时间调解对激光表面硬化、冲压成形、重熔和激光切割的影响。当采用高功率激光束对材料表面进行改性时,显微结构、相组成、凝固模式强烈依赖温度循环过程,即表面温度的升高、冷却时间、温度梯度、冷却速度,这些可以通过优化激光和工艺参数加以控制。

3) 激光微纳米加工

超小型集成芯片的不断发展,推动了微纳米加工技术的进步。过去 10 年中,激光器已经被应用于微机械加工领域制造微小型部件,如微机电系统、微电子、电信、光电和生物医学器件。激光-材料的相互作用,使得先进激光技术在微纳米加工领域有许多有趣的发展。人们已经研发出了一种可行的、有吸引力的、低成本且实用的激光微加工技术。

通过激光微加工产生最小特征尺寸,此最小特征尺寸取决于激光参数、材料性质和使用的加工技术。超快激光器实现了对不同材料的激光微加工过程,进一步提高质量并减小特征尺寸。对于飞秒激光器来说,热扩散的距离甚至小于光透入深度,因此,能够实现无热力学缺陷的高精度加工。如直接写入、掩模投影和干扰技术这 3 种加工技术就使用了纳秒和飞秒激光器。还有通过其他的激光烧蚀或者激光辅助化学腐蚀过程移除材料。例如,使用纳秒激光器进行微加工的几个应用;使用 Q 开关的 Nd:YAG 激光器和准分子激光器快速制造微机械设备、切割硅单体、处理聚合物、加工 3D 微结构、硬质材料加工和显微光刻法、喷墨打印机和精密机械上打微孔、光纤 Bragg 光栅写入、玻璃材料的微烧蚀、微结构等。超快激光器引起的各种非线性作用,会在提高质量和减小尺寸的基础上,进一步提高微纳米加工的应用范围。已经发展的几种新技术能通过衍射限制产生比半波长还要小的特征尺寸。Zimmer 和 Böhme 使用超短脉冲激光器对有机与金属吸收剂进行激光诱导背面湿式刻蚀(LIBWE),在透明材料上,530ns 期间内实现高质量的刻蚀。还有如通过非线性吸收过程发生的烧蚀,在高于某一特定的阈值发生的双光子吸收和多光子吸收过程(MAP),通过超快激光脉冲产生的特征尺寸小于在亚微米范围内的光斑尺寸。Chen 和 Nikumb 证明了能在单晶硅上的一个亚微米区域内使用光致变色薄膜的非线性光转换效应来实现激光加工。Wu 等对使用双光子聚合(TPP)技术制造三维显微结构和光子器件的相关研究进行了概述。Haske 等研究发现,使用 65nm 波长的光进行自由形式制造和采用分辨率为 520nm 的 MAP 一样好。最近提出的新技术是在纳米水平上用来改变材料形貌以及结构,已经被耦合纳秒以及飞秒激光的孔径式和无孔径光阑的近场扫描光学显微镜(NSOM)探针所证明,如图 2.27 所示。最近,将 NSOM 和聚合物光刻技术结合起来提出了一种新的技术,称为光束笔光刻技术,用于产生大量的亚衍射图形界限(100nm)或平行特征。Menon 等最近报道了针对大范围、近场模式的 36nm 的光致抗蚀剂。

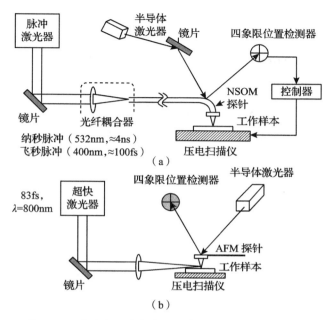

图 2.27 纳秒和飞秒激光微纳米加工实验装置示意图
(a)光圈为基础;(b)光圈较小的近场光学扫描显微镜(NSOM)。

参考文献

[1] 黎兴宝,蒋文祥,丁庆伟,等.光纤激光切割机碳钢板拐角毛刺研究[J].锻压装备与制造技术,2023,58(06):98-101.

[2] HWANG D,RYU S G,MISRA N,et al. Nanoscale laser processing and diagnostics [J]. Applied Physics A,2009,96:289-306.

[3] RAMANATHAN D,MOLIAN P. Ultrafast laser micromachining of latex for balloon angioplasty[J]. Journal of Medical Devices,2010,4(1):167-190.

[4] BRUNEEL D,MATRAS G,LEHARZIC R,et al. Micromachining of metals with ultra-short Ti-sapphire lasers:prediction and optimization of the processing time [J]. Optics & Lasers in Engineering,2010,48(3):268-271.

[5] 郭劲,李殿军,王挺峰,等.高功率 CO_2 激光器及其应用技术[M].北京:科学出版社,2013.

[6] HUGEL H. New solid-state lasers and their application potentials[J]. Optics & Lasers in Engineering,2000,34(4-6):213-229.

[7] 付艳恕,卢聪,叶小军,等.激光材料加工熔池流动行为实验研究进展[J].机械工程学报,2023,59(05):291-306.

[8] RANGANATHAN K,MISRA P,NATH A K. Thin Nd:YAG slab laser pumped by

lens duct coupled diode laser stacks[J]. Applied Physics B, 2007, 86(2): 215-217.
[9] SHI P, LI D, ZHANG H, et al. An 110 W Nd：YVO4 slab laser with high beam quality output[J]. Optics Communications, 2004, 229: 349-354.
[10] JEONG Y, SAHU J K, PAYNE D N, et al. Ytterbium-doped large-core fiber laser with 1kW continuous-wave output power[J]. Advanced Solid-State Photonics, 2004: 6088-6092.
[11] LIMPERT J, LIEM A, REICH M, et al. Low-nonlinearity single-transverse-mode ytterbium-doped photonic crystal fiber amplifier[J]. Optics Express, 2004, 12(7): 1313-1319.
[12] 徐滨士，董世运. 激光再制造[M]. 北京：国防工业出版社，2016.

第 3 章 激光加工

激光加工(LAM)是一种在切削前利用激光束对工件进行局部加热和软化再切削的工艺。其工艺优势包括减小切削力或切削能量、延长刀具的使用寿命、改善表面完整性以及提高生产率。本章总结了 LAM 技术在陶瓷、金属和金属基复合材料上的应用。内容包括分析切削区周围的温度分布、材料去除机制、刀具磨损机理以及激光辅助工程材料的加工表面完整性。

3.1 引 言

先进工程材料(如镍基和钛基高温合金、淬火钢、陶瓷和金属基复合材料)目前仍处于研究之中,以满足航空航天产业的各类要求。然而,在加工过程中,由于加工工件的高屈服强度和加工硬化,令切削刀具承受高压并产生大量热而使工件发生塑性变形。

3.2 工程材料及其加工性能

本节主要介绍工程材料(陶瓷、高温合金(Ti-6Al-4V 和 Inconel 718 合金)、淬火钢和金属基复合材料)和它们的加工性能。

3.2.1 陶瓷

陶瓷具有高温下的强度高、密度低、热稳定性和化学稳定性强、耐磨性好等优势,但陶瓷本身的硬度高和脆性大也使其很难对其采用传统加工技术。

3.2.2 镍基高温合金 Inconel 718

镍基高温合金 Inconel 718 在 500℃ 左右的温度下仍能保持其原有的强度和韧性。镍基高温合金之所以强度高,是因为它在时效硬化后的基体中分布着细小且均匀的亚稳 $\gamma'(Al,Ti)Ni_3$ 和 $\gamma''(Al,Ti,Nb)Ni_3$ 析出相。一般来说,镍基高温合金在加工过程中会迅速产生加工硬化,从而导致其加工困难。

3.2.3 钛及钛合金

钛及钛合金具有高比强度、高耐腐蚀性以及高温下的高强度优异的性能而使其在航空航天工业领域被广泛应用。在钛合金加工过程中,切削工具边缘会承受高温和高压,高压是因为钛的屈服强度高以及切削刀具与工件的接触面小,高温则是因为钛的热传导率低。此外,钛在高温下几乎会与所有的刀具材料发生化学反应,因此刀具寿命会随着切削速度的增加而缩短。

3.2.4 淬火钢

淬火钢 AISI D2 具有较高的碳和铬含量,使其硬度较高(通常高于60HRC),因而很难进行传统加工,只能通过磨削和抛光等研磨工艺对其进行生产效率低且成本高的加工。

3.2.5 金属基复合材料

复合材料是由两种或两种以上的材料通过混合或黏合而形成的能保持每种材料完整性的组合材料。组成通常一部分作为基体,另一部分作为增强体,增强体的形式可以是颗粒、晶须或纤维。在微粒材料中,增强剂通常是陶瓷颗粒(Al_2O_3、SiC 等),它能为金属基体提供额外的硬度和耐磨性。

3.3 激光辅助制造及原理

3.3.1 激光辅助制造

激光辅助制造(LAM)是一种利用工件材料强度随工件温度升高而降低的特性的热加工工艺,如图 3.1 所示。在热加工过程中,外部热源会对工件进行局部加热和软化,使工件(尤其是陶瓷)的变形行为从脆性变为韧性,这将使得难以加工的工件变得更容易加工。通过可控的局部热源和快速加热的优势来

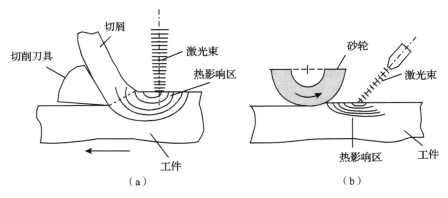

图 3.1 激光辅助加工操作示意图
(a)车削;(b)磨削。

有效利用热加工工艺。用于加热工件的外部热源有等离子束、激光束、气焊焊炬、感应加热、熔炉预热、电流加热和电弧热等。

与其他热源相比,激光热源的优势在于可控的激光光斑和高功率密度,这可使工件表面的待去除层产生局部快速加热。在切削前用激光束对工件表面进行局部加热时,会在工件厚度方向上产生较大的温度梯度(图 3.2)。此外,与车削工艺相比,将刀具会旋转的铣削工艺与激光束结合在一起的激光辅助铣削操作更为复杂。LAM 技术通过激光束对工件进行局部加热的方法已成功应用于氧化铝的刨削,钢的打磨、修整、磨削和钻孔,如图 3.3 所示。

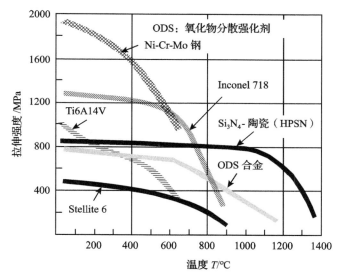

图 3.2 难加工材料的强度与温度的关系

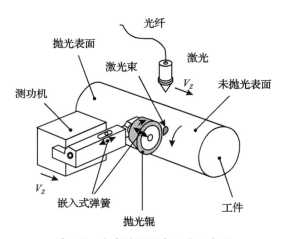

图 3.3 激光辅助抛光工艺示意图

3.3.2 非传统激光辅助制造

相比于传统激光辅助制造对于温度的依赖性,非传统激光辅助制造通过激光汽化或烧蚀来去除部分工件材料或在切割前通过激光加热淬火改变工件微观组织来提高工件的切削性能。通过激光脉冲在工件表面上打出圆周间隔的孔方便切削(孔深小于切削深度,直径大于进给量),如图3.4所示。通过激光预钻孔可节省大量切削能量,并且材料的去除过程既可以在切削过程中完成,也可以在切削前完成。

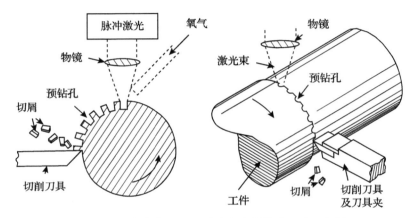

图3.4 激光束在刀具切削前去除材料的工艺示意图

3.4 激光辐射的热场分析

在激光辅助加工过程中,激光束能量被工件表面吸收并转换为热能。由于工件材料的变形行为与温度密切相关,因此必须了解激光从工件表面到切削边缘的温度分布。利用瞬态三维传热模型分析了材料去除过程和未去除过程的旋转不透明圆柱形工件在激光辐照下的热响应,模型的几何形状如图3.5所示。

在圆柱坐标系中,旋转圆柱体内的瞬态传热控制方程可写成

$$\underbrace{\frac{1}{r}\frac{\partial}{\partial r}\left(kr\frac{\partial T}{\partial r}\right)+\frac{1}{r^2}\frac{\partial}{\partial \phi}\left(k\frac{\partial T}{\partial \phi}\right)+\frac{\partial}{\partial z}\left(k\frac{\partial T}{\partial z}\right)}_{\text{传导}}+\underbrace{q'''}_{\text{生成}}=\underbrace{\rho c_p \omega \frac{\partial T}{\partial \phi}+\rho c_p V_z \frac{\partial T}{\partial z}}_{\text{对流}}+\underbrace{\rho c_p \frac{\partial T}{\partial t}}_{\text{贮存}}$$

(3.1)

式中:k为热导率;ρ为密度;c_p为比热;ω为工件的旋转速度;V_z为进给速度;q'''为切削工艺中产生的体积热量,其中包括刀具侧面与工件之间的摩擦以及在

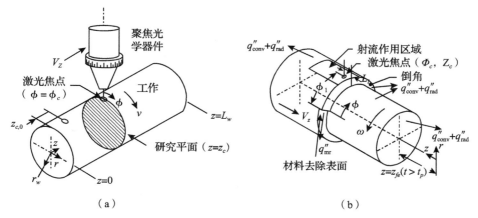

图 3.5 不同情况下的旋转工件的坐标系
(a)激光加热但不去除材料;(b)激光辅助加工但去除材料。

剪切区塑性变形产生的热量 q'''_{pl}。由于切削后的延迟时间长、数值小,因此,刀面磨损产生的热量对于工件热分布的影响可忽视不计。塑性变形产生的热量计算公式如下:

$$\begin{cases} q'''_{pl} = 0 & ,无材料去除 \\ q'''_{pl} = \dfrac{0.85(F_c \overline{V}_w - F_{ct} V_{chip})}{(dL_f^2/10)} & ,材料去除 \end{cases} \quad (3.2)$$

式中:F_c 为主切削力;$\overline{V}_w$ 为切削深度方向垂直于切削刀具的平均工件速度;F_{ct} 为摩擦力;V_{chip} 为刀具前刀面上的平均切削速度;d 为切削深度;L_f 为刀具进给量。

由于主剪切区体积小,在材料去除平面前的未切削表面发生了显著的温度升高。因此,在 LAM 过程中,剪切区中的塑性变形产生的热量比传统加工过程中产生的热量要少。通过设置适当的边界条件(表 3.1),可以计算因激光辐射(未去除材料)、激光加热和切割(去除材料)所产生的温度场。在有去除材料过程和无去除材料过程的激光加热条件下,将预测的表面温度与使用高温计或红外摄像机测量的实际温度进行比较,从而证实对理论模型的分析,如图 3.6 所示。

经过验证的热模型揭示了温度在工件表面和深度方向上的分布,在所有 3 个坐标方向上都显示出较大的温度梯度,如图 3.7 所示。当激光束入射到工件表面时,温度梯度存在于整个切削深度,并随着切削平面切削深度的增大而增大。由于激光加热会提高工件的温度,因此加热区域可能会发生相变。

在 LAM 过程中的切削区的温度分布对加工过程非常重要,因此,很多人致力于模拟激光辐照的温度分布,同时,考虑到各种工件材料在车削过程中的材料去除,如半透明的陶瓷、莫来石、Si_3N_4 陶瓷、Inconel 718、钢、蠕墨铁和 Ti-6Al-4V 合金等。在对 Si_3N_4、Inconel 718、钢和 Ti-6Al-4V 合金进行激光辅助铣削时也进行了热建模。

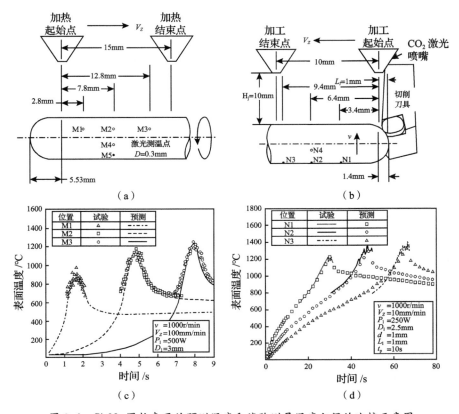

图 3.6 Si_3N_4 圆柱表面的预测温度和试验测量温度之间的比较示意图

(a)激光加热不去除材料模型;(b)激光辅助加工去除材料模型;(c)激光加热不去除材料表面温度曲线;(d)激光辅助加工去除材料表面温度曲线。

材料去除温度 T_{mr} 为材料进入剪切变形区的平均温度,在 LAM 加工过程中,刀具磨损和表面完整性起着关键作用。通过分析不同工件材料切削区的热模型预测温度,可以根据经验将其表示为激光能量和加工参数的函数。

对于 Inconel 718 合金,使用两种激光器(CO_2 激光器和 Nd：YAG 激光器)来表示:

$$T_{mr}=27890\frac{P_{CO_2}^{0.086} \cdot P_{YAG}^{0.031}}{f^{0.32} \cdot D_w^{0.95}} \tag{3.3}$$

对于 Ti-6Al-4V 合金,使用 CO_2 激光器解释为

$$T_{mr}=\frac{e^{3.4} \cdot P_{CO_2}^{0.66}}{f^{0.31} \cdot D_w^{0.34} \cdot V_C^{0.31}} \tag{3.4}$$

对于淬火钢,使用 CO_2 激光器来说明:

$$T_{mr}=1.8\frac{P_{CO_2}^{0.85}}{f^{0.47} \cdot V_C^{0.47}} \tag{3.5}$$

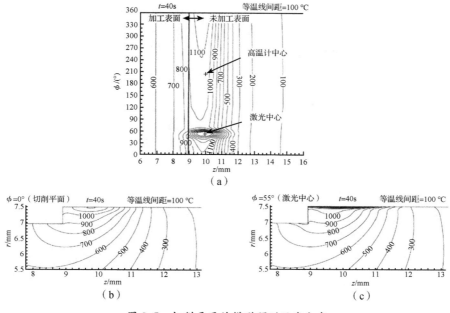

图 3.7 切削平面的模型预测温度分布
(a)切削表面;(b)切削平面的厚度方向($\phi=0°$);(c)切削平面的激光中心($\phi=55°$)。

对于使用 CO_2 激光器和 Nd:YAG 激光器两种激光器的淬火钢可表示为(其中 $P_{CO_2}=1100W$)

$$T_{mr}=152.7\frac{P_{YAG}^{0.29}}{f^{0.47} \cdot V_w^{0.45}} \tag{3.6}$$

式中:P_{CO_2} 和 P_{YAG} 分别为 CO_2 激光器(作为第一束激光,垂直入射于工件表面,径向入射至刀具的 45°和 55°方向)和 Nd:YAG 激光器(作为第二束激光,轴向入射至工件表面的 45°,径向入射至刀具的 10°~16°方向)的激光功率(W),如图 3.8 所示。D_w 是工件的直径(mm),f 是进给(mm),V_c 是切削速度(m/min)。

表 3.1 热模型分析的边界条件

	未去除材料	去除材料
工件表面	$k\frac{\partial T}{\partial r}\bigg|_{r=r_w}=q''_{1,abs}-q''_{conv}-E(T)+\alpha_{sur}G_{sur}(T_{sur})$, $\sqrt{[r_w(\phi-\phi_c)]^2+(z-z_c)^2} \leqslant r_l$ $k\frac{\partial T}{\partial r}\bigg|_{r=r_w}=-q''_{conv}-E(T)+\alpha_{sur}G_{sur}(T_{sur})$, $\sqrt{[r_w(\phi-\phi_c)]^2+(z-z_c)^2} > r_l$	

（续）

	未去除材料	去除材料
未加工工件表面		$k\dfrac{\partial T}{\partial r}\Big\|_{r=r_w}=\alpha_l q_l''-q_{conv}''-E(T)$, $z>z_{ch}(\phi),f_l(r,z,\phi)\leqslant 1$ $k\dfrac{\partial T}{\partial r}\Big\|_{r=r_w}=-q_{conv}''-E(T)$, $z>z_{ch}(\phi),f_l(r,z,\phi)>1$
加工工件表面		$k\dfrac{\partial T}{\partial r}\Big\|_{r=r_{w,m}}=\alpha_{l,m} q_l''-q_{conv}''-E(T)$, $z>z_{ch}(\phi),f_l(r,z,\phi)\leqslant 1$ $k\dfrac{\partial T}{\partial r}\Big\|_{r=r_{w,m}}=-q_{conv}''-E(T)$, $z>z_{ch}(\phi),f_l(r,z,\phi)>1$
工件的中心线	$\dfrac{\partial T}{\partial r}\Big\|_{r=0}=0$	$\dfrac{\partial T}{\partial r}\Big\|_{r=0}=0$
加工和未加工材料的界面		$k\dfrac{\partial T}{\partial r}\Big\|_{z=z_{ch}(\phi)}=q_{conv}''+E(T)$ $r_{w,m}\leqslant r\leqslant r_w, 0<\phi\leqslant 2\pi-\phi_{flank}$ $k\dfrac{\partial T}{\partial r}\Big\|_{z=z_{ch}(\phi)}=-q_{flank}''$ $For, r_{w,m}\leqslant r\leqslant r_w, 2\pi-\phi_{flank}<\phi\leqslant 2\pi$
工件端面	$k\dfrac{\partial T}{\partial z}\Big\|_{z=0}=q_{conv}''+E(T)-\alpha_{sur}G_{sur}(T_{sur})$ $k\dfrac{\partial T}{\partial z}\Big\|_{z=L_w}=0$	$k\dfrac{\partial T}{\partial z}\Big\|_{z=z_{fe}(t\leqslant t_p)}=q_{conv}''+E(T)$ $z=z_{fe}(t>t_p)$ $k\dfrac{\partial T}{\partial z}\Big\|_{z=L_{cv}}=0$
材料去除的表面		$-\dfrac{k}{r}\dfrac{\partial T}{\partial \phi}\Big\|_{\phi=0}=\rho c_p r\omega(T-T_{ref})$
周向	$T(r,\phi,z,0)=T_\infty=T_{sur}$ $\dfrac{\partial T}{\partial \phi}\Big\|_\phi=\dfrac{\partial T}{\partial \phi}\Big\|_{\phi+2\pi}$	$T(r,\phi,z)=T(r,\phi+2\pi,z)$ $\dfrac{\partial T}{\partial \phi}\Big\|_\phi=\dfrac{\partial T}{\partial \phi}\Big\|_{\phi+2\pi}$
起始处	$T(r,\phi,z,0)=T_\infty=T_{sur}$	$T(r,\phi,z,0)=T_\infty=T_{sur}$

材料去除温度的经验公式表明,温度随激光功率的增加而增加,随切削速度的增加而降低(Inconel 718合金除外,因为其材料去除温度与切削进给率无关),随工件的直径和进给量的增加而降低。由于Nd：YAG激光主要用于加

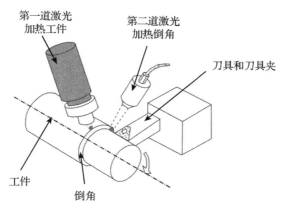

图 3.8　LAM 过程中采用 CO_2 激光器和 Nd：YAG 激光器的装配图

热无吸收增强涂层的倒角表面，而 CO_2 激光器主要用于加工预先涂有吸收增强涂层的工件表面，因此 Nd：YAG 激光器功率对材料去除温度的贡献比 CO_2 激光器小，如方程式（3.3）所示。

3.5　激光束辅助提高加工性能

加工性能是衡量工件材料是否容易加工的标准。它通常以切削力或特定的切削能量、刀具寿命和加工表面完整性来表示。

3.5.1　切削力和切削比能

工件的屈服强度是切削力的主要组成部分之一，并且可以通过提高温度使其有效降低。因此，在 LAM 中切削力会减小，从而导致比切削能（u_c）减少，即

$$u_c = \frac{F_c}{hw} \tag{3.7}$$

式中：h 和 w 分别是切削深度和切削宽度；F_c 是主切削力。

切削力和切削比能的减少，表明在 LAM 加工过程中机器功耗减少。这样就可以使用更大的进给量和切削深度，从而在不增加机器功耗的情况下提高材料的去除率。在对 Si_3N_4 的 LAM 切削中，发现切削区应力随材料去除温度和进给量的增加而减小，但与切削速度的关系不大。切削力的 3 个组成部分都与切削时间（或刀具磨损）无关，这是由于在刀具侧面的磨损面上形成了薄的玻璃状相，在磨损面上起到了润滑作用，如图 3.9 所示。

据报道，在切割陶瓷（如莫来石、氧化镁部分稳定的氧化锆和 Si_3N_4）时，切削力和比切削能会随着激光功率或表面温度的增加而减少，这是因为材料去除温度会随激光功率的增加而升高，但激光功率的导程 L_l 对其影响不大。

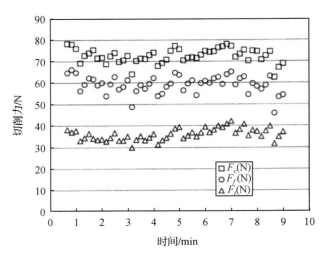

图 3.9 激光辅助车削 Si_3N_4 陶瓷时切削力随时间的变化

在对氧化锆和莫来石进行 LAM 加工时,切削力、进给力(F_f)和主切削力(F_c)之比随着激光功率的增加而减少,如图 3.10 所示。在高激光功率下,F_f/F_c 的比值小于 1,这证明在加工过程中由于工件软化而发生了塑性变形。在钛合金、Inconel 718 合金、钴基 Stellite 6 合金、6061-T6 铝合金、铁和钢的车削和铣削中的切削力和比切削能降低。

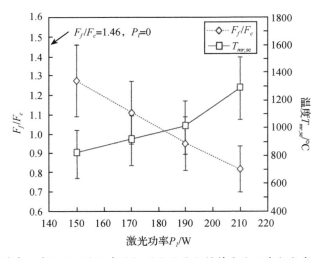

图 3.10 莫来石在 LAM 过程中的切削力比值和材料去除温度与激光功率的关系

Inconel 718 合金通过激光束预热后使其可加工性能得到改善,这是由于变形机制发生了变化。在低温下,Inconel 718 合金具有异质滑移特性,但滑移仅限于基体中具有位错对和非位错结构的平面带。随着温度的升高,一旦达到 γ' 和 γ'' 析出物稳定的极限,变形就会均匀分布,并由均匀的位错纠缠组成,这使得

LAM过程中的变形更加容易。激光束与工件相互作用时间较短,因此,输入特定区域的能量也较低。在淬火钢、工业纯钛和高铬白口铸铁的LAM中,刀具和激光束的距离越短,切削力越小。然而,如果刀具和激光束的距离过短,刀具可能会因过热而损坏,切屑可能会飞进激光束中,熔化之后掉落到加工表面。因此,刀具必须与激光束保持最小距离,并根据切削速度和进给量进行优化。

进给力的减小与吸收的激光功率(P, W)、激光光斑尺寸(D, mm)、进给量(f, mm)、切削速度(V, mm/min)、刀具和激光束的距离(L_2, mm)以及最佳的刀具与激光束距离(L_2^0, mm)组合之间的经验关系,如图3.11所示。

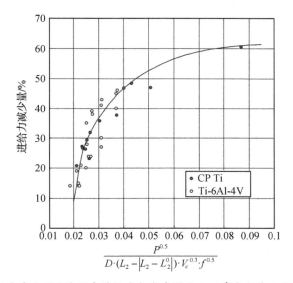

图3.11 钛合金LAM过程中进给力与激光器和加工参数组合之间的经验关系

在钛合金和D2工具钢的LAM过程中,不仅切削力的值减小了,而且切削力的振幅变化也减小了,这归因于钛合金和D2工具钢温度升高而减弱了颤振的产生,如图3.12所示。在传统的金属切削加工中,由于刀具的磨损,切削力会随着切削时间的延长而逐渐增加。然而,在激光辅助下铣削Inconel 718合金时,切削力随切削时间的增加远低于常规铣削,因此刀具磨损率也较低,如图3.13所示。

在使用矩形激光束对D2工具钢进行LAM加工时,轴向力随切削时间的变化与激光束方向密切相关。当激光光斑垂直于进给方向时,轴向力随切削时间逐渐减小,这是因为:①加热周期持续时间较长;②这种配置下激光功率沿其轴线分布,导致表面温度较高。在较小切削深度的LAM加工中,由于对切削工具的加热和三维微槽的激光辅助铣削,切削力会随着激光功率的增加而增加,这与传统的微铣削相比,激光加热时刀具的热膨胀更大,实际切削深度也更深。

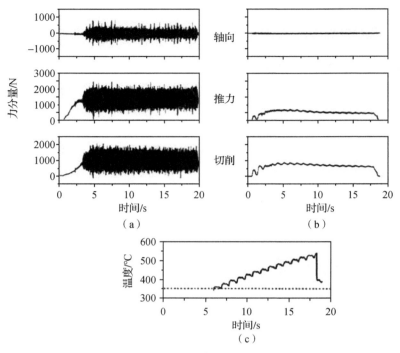

图 3.12 工具钢正交切削时的力分量
(a)传统加工;(b) LAM;(c)LAM 过程中相应的表面温度。

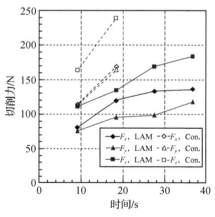

图 3.13 在激光辅助和传统铣削 Inconel 718 过程中
切削力随切削时间的变化示意图

在对某些硬化钢(如 1090 钢)的 LAM 过程中,由于相变硬度发生在工件的激光预热部分进入切削区之前,所以会获得较高的切削力。因此,应该通过优化刀具与激光束的距离来防止在切削前出现的相变。金属基体占大多数 MMC

的 70%～90%，在加工 MMCs 中也起着重要的作用。在使用切削刀具之前，激光束会使 Al 基体软化，从而使切削区的强化颗粒更容易进入加工表面（图 3.14 中的分界点 O）。因此，在对 Al_2O_3 p/Al 复合材料进行 LAM 加工时，在 X 和 Y 方向切削力的减少量（近 50%）比在 Z 方向力的减少量（仅 10%）更明显。

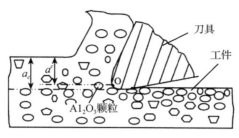

图 3.14 Al_2O_3/Al 复合材料的切削区域

3.5.2 材料去除机理和切屑形成

陶瓷是脆性材料，通常在材料去除过程中不会发生塑性变形。然而，由于陶瓷（如 Si_3N_4）的玻璃相在高温下发生软化，使得在高温下陶瓷的强度和脆性都会降低。当切削刀具与激光加热的工件接触时，材料的去除主要由脆性断裂和塑性变形共同作用。Si_3N_4 在 LAM 过程中的材料去除机制如下。

(1) 剪切区塑性变形的特点是玻璃状的晶界相材料的黏性流动和 β-氮化硅晶粒的重新定向。

(2) 由于晶粒间微裂纹的产生、聚结和扩展而造成的切屑分段。

当温度高于 850℃（玻璃化转变温度）时，晶间玻璃相的流动和再分配会使 Al_2O_3 陶瓷在 LAM 过程中保持 Al_2O_3 晶粒并维持塑性变形。近倒角表面平均温度（$T_{s,ch}$）或平均材料去除温度（$T_{mr,se}$）以及进给力和主切削力的比值（F_f/F_c）对切屑的形成起到关键的作用，如表 3.2 所列。

表 3.2 Si_3N_4 和莫来石在 LAM 过程中的切屑形态、形成机制和形成条件

工件材料	形态	形成机制	条件
Si_3N_4	破碎	脆性断裂	$T_{s,ch}<1151℃$
	半连续	局部脆性断裂和塑性变形	$1151℃<T_{s,ch}<1305℃$
	连续	塑性变形	$T_{s,ch}>1329℃$
莫来石	脆性断裂，半连续	脆性断裂和塑性变形	$F_f/F_c>1$，$800℃<T_{mr,se}<1000℃$
	半连续	塑性变形	$F_f/F_c<1$，$1000℃<T_{mr,se}<1300℃$
	连续	塑性变形	$F_f/F_c<1$，$T_{mr,se}>1300℃$

尽管 F_f/F_c 的值远低于 1，但在莫来石的 LAM 过程中并没有发现连续或半连续的切屑。切屑的形成可能是由于激光加热层中热诱导裂纹的聚集和扩

展作用。然而，在切屑形成过程中，除了脆性断裂之外，还会发生塑性变形。材料的塑性变形是由于高温位错运动和动态再结晶导致 LAM 加工表面的晶粒细化和晶粒取向优化。

在金属切削过程中，主剪切区会发生严重的塑性变形，从而形成连续切屑。在高速切削钛合金、Inconel 718 合金和淬火钢时，会产生分段切屑或锯齿形切屑。对于这些不同的工件材料，产生分段切屑的临界切削速度各不相同。在分段切屑形成的过程中，只有在非常狭窄的剪切带中才会出现工件的严重变形和微裂纹的产生，但相邻剪切带之间的变形可忽略不计，如图 3.15 所示。剪切带的高应变变形可能会导致相变或产生超细等轴晶结构。分段切屑的形成会导致严重的凹坑磨损，令刀具寿命缩短，并产生高周期性切削力。当切屑断裂引起的振动频率与机床系统的固有振动频率一致时，切屑断裂产生的高循环切削力是引起颤振的主要原因之一，粗糙的切削表面就是颤振的结果。因此，在高速切削时消除分段切屑是提高金属切削加工性能的理想工艺方法。

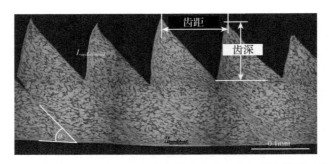

图 3.15　车削 Ti-6Al-4V 合金获得的典型分段切屑的横截面特征

由于切屑形成的不稳定性降低以及工件塑性的增强，工件温度升高会导致振动加速度和颤振的振幅大幅降低。在同样的切削条件下加工 D2 工具钢，激光加热将传统加工产生的分段式切屑转变为连续式切屑。这使得切削力的变化幅度更小，切削过程更稳定。激光预热时，切屑形态的变化是由于材料的失效模式从低温下的脆性断裂为主转变为高温下的塑性变形为主。在对 Ti-6Al-4V 合金进行激光辅助铣削时，随着激光功率的增加，分段切屑逐渐变为连续切屑。对 Nd：YAG 激光束在 Ti-6Al-4V 合金车削过程切屑形成的影响进行了系统研究，其中激光束与工件轴线夹角成 40°的角度入射到倒角表面，并且设定进给为 0.214mm。图 3.16 比较了不同切削速度下传统加工和 LAM 的切屑差异。当激光功率为 1900W 时的切削截面对比图和几何测量结果如图 3.17 所示。分段切屑的几何形状由齿深、齿距和几何比来表征，几何比是未成形表面长度（$L_{\text{underformed}}$）与加工表面长度（L_{machined}）的几何比值，公式为

$$r = \frac{L_{\text{underformed}}}{L_{\text{machined}}} \tag{3.8}$$

式中:齿深、齿距、$L_{underformed}$ 和 $L_{machined}$ 是分段切屑横截面上测量的平均值。激光加热产生了两种类型的分段切屑:一种是低切削速度下产生的分段切屑;另一种是高切削速度下产生的分段切屑。LAM 在低切削速度下产生的分段切屑更锋利,齿深和齿距比传统加工产生的分段切屑更大,几何比也大于1。LAM 在高速切削时产生的分段切屑与几何比小于1的传统加工产生的分段切屑相似。

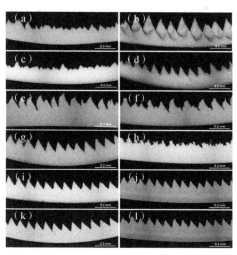

图 3.16 激光功率为 1900W 和刀具与激光束的距离
为 20mm 时加工 Ti-6Al-4V 合金的横截面
(a)、(c)、(e)、(g)、(i)和(k) 传统加工下的切屑横截面;
(b)、(d)、(f)、(h)、(j)和(l) LAM 工艺下的切屑横截面。

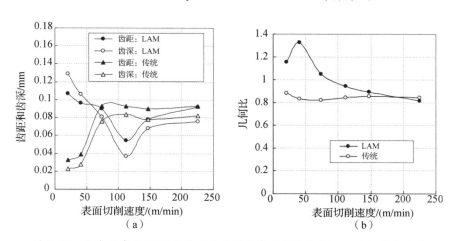

图 3.17 激光功率为 1900W 和刀具与激光束的距离为 20mm 时切削速度对
Ti-6Al-4V 合金的传统加工和 LAM 工艺的影响
(a)齿距和齿深;(b)切屑几何比。

3.5.3 切屑分割的物理模型

目前已开发出多种模型用来解释分段切屑的形成机理。绝热剪切模型表明，切屑分段是热塑性剪切失稳的结果，由于工件的热导率低，热软化比应变硬化更占优势。现有的两种切屑分段模型不能完美地解释 LAM 加工过程中切屑形态随切削速度的转变。切屑分段是由于屈服强度随应变速率（或切削速度）的快速增加而抑制了主剪切面上的连续剪切后的结果，并且材料在加工过程中通过主剪切面上的连续剪切或通过裂纹的产生和沿切削方向的萌生和扩展来去除，如图 3.18 所示。

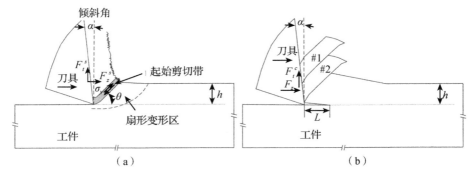

图 3.18 切屑形成的材料去除机制
(a)连续切屑；(b)分块切屑。

对于形成连续切屑：

$$F_t^s = \frac{\sigma_y \cdot w \cdot h \cdot \tan(\beta-\alpha)}{\sin\theta \cdot \cos\theta - \sin^2\theta \cdot \tan(\beta-\alpha)} \tag{3.9}$$

对于形成分段切屑：

$$F_t^c = \frac{K_{Ic} \cdot w}{k}\sqrt{\frac{h}{6}} \tag{3.10}$$

式中：w 为未变形切屑的宽度；h 为未变形切屑的厚度；σ_y 是给定应变率下工件的屈服强度；β 为滑动摩擦角，$\tan\beta = \mu$，μ 是摩擦系数；θ 为剪切角；α 为前角；K_{IC} 为工件的断裂韧性；k 为切削刀具几何常数和给定的工具材料的常数。

通过比较 F_t^s 和 F_t^c 来决定切削过程。当 $F_t^c \leqslant F_t^s$ 时，切屑分段现象非常明显，因此，工件在切削边缘处形成连续切屑时，最大屈服强度为

$$\sigma_y^I = \frac{\sin\theta\cos\theta - \sin^2\theta \cdot \tan(\beta-\alpha)}{\tan(\beta-\alpha)} \cdot \frac{K_{IC}}{k\sqrt{6h}} \tag{3.11}$$

切屑分割的标准是工件在高速加工（即高应变速率变形）过程中剪切面处的屈服强度大于或等于临界屈服强度，表示为

$$\sigma_y \geqslant \sigma_y^I \tag{3.12}$$

切屑分割的临界切削速度及其相应的应变率可在屈服强度等于临界屈服强度的应变速率下找到,如图 3.19 所示。工件温度从 $T_1=284\text{K}$ 升至 $T_2=573\text{K}$ 时,临界应变率从 $\varepsilon_1^I=2500\text{s}^{-1}$ 升至 $\varepsilon_2^I=125000\text{s}^{-1}$。因此,在 $h=0.214\text{mm}$ 处切屑分段开始时的临界切削速度会从 $V_{c,1}^l=1.8\text{m/min}$ 增加到 $V_{c,2}^l=92.1\text{m/min}$,计算公式如下:

$$\dot{\varepsilon} = \frac{\cos\alpha \cdot V_c}{\Delta y \cdot \cos(\theta-\alpha)} \tag{3.13}$$

激光加热导致的温度上升会有效降低工件的屈服强度。因此,应变率和相应的临界切削速度会随着激光功率的增加而增加。一旦材料通过移动刀具在切削方向裂纹扩展被去除,而移动的刀具就像一个移动的楔子,使裂纹扩展,切屑就会在高应力的作用下沿刀具的前刀面移动,从而导致严重的凹坑磨损,如图 3.20(a)所示。当切屑内部的应力等于其抗压强度时,切屑就会以压缩破坏的形式断裂,这种破坏呈现出绝热剪切特征。因此,由于切屑断裂形成了♯3 分段,这也导致♯2 分段和♯3 分段之间出现裂缝,如图 3.20(b)所示。

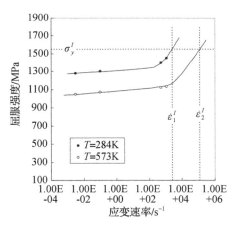

图 3.19 Ti-6Al-4V 合金在 284K 和 573K 温度下的屈服强度-应变率曲线

3.5.4 刀具材料及其磨损

工业中最常用的刀具是刀具钢、硬质合金、陶瓷、水泥、金刚石和立方氮化硼(CBN)。这些刀具材料的硬度随温度变化,如图 3.21 所示。大多数刀具材料的温度在高于软化点时会失去硬度,其中硬质合金的软化点温度为 1100℃、Al_2O_3 为 1400℃、立方氮化硼(CBN)和金刚石为 1500℃,因此,选择合适的刀具取决于切削压力和切削温度。

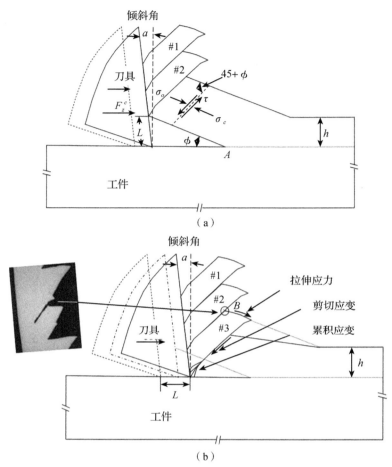

图 3.20 刀具正前角处切屑分割顺序
(a)切屑沿前角面的位移;(b)切屑的断裂和分割。

由于多晶金刚石(PCD)的碳化温度(900℃)较低,因此,不适合采用 LAM 工艺。多晶立方氮化硼(PCBN)已用于 Si_3N_4 和 PSZ 的 LAM 工艺。莫来石和 Al_2O_3 陶瓷的 LAM 工艺中已经采用了硬质合金刀片。在相同的切削条件下对莫来石进行 LAM 时,PCBN 刀具的使用寿命明显比硬质合金刀更长。

WG-300 陶瓷刀片、CC670 陶瓷刀片、K090 陶瓷刀片(利用碳化硅晶须和 TiC 增强的氧化铝)是用于切削 Inconel 718 合金合适的刀具材料,因为它们的稳定温度高达 2000℃。硬质合金刀具由于其高韧性而被认为适合加工钛合金。硬质合金刀片则更适合加工淬火钢。

切削前的激光束加热会对 LAM 中的刀具磨损产生以下的影响。

(1)由于切削力减小,刀具切削刃上的压力降低,从而减少了刀具磨损和

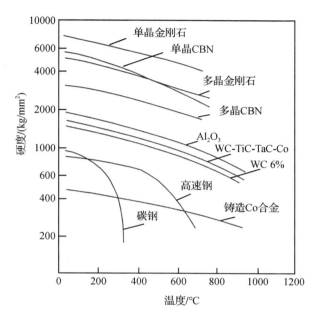

图 3.21 刀具材料的硬度随温度变化示意图

断裂。

(2) 由于高温下溶解与扩散和黏附速度加快,高激光功率下具有更高的界面温度,因而会加快刀具磨损。

(3) 刀具温度过高会降低刀具的强度,并导致刀具过早失效。

在 PSZ 的激光辅助车削过程中,刀具磨损是由磨损、黏附和扩散机制所造成的。沉积在主侧面和次侧面上的工件材料的磨损导致侧面出现凹槽,在高温下使用 PCBN 刀具对 Si_3N_4 进行 LAM 时没有观察到刀具边缘处的凹坑,但在对 PSZ 进行 LAM 时却观察到了凹坑,具体刀具磨损原理图如图 3.22 所示。

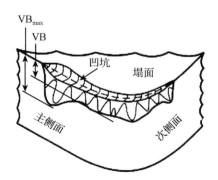

图 3.22 PSZ 在 LAM 材料去除温度为 1000℃时刀具磨损原理图

与莫来石的传统加工相比，LAM 工艺的刀具寿命要长得多。Si_3N_4 的 LAM 中的侧面磨损源自于玻璃状晶界相对于切削刀具的粘连。在加工过程中，玻璃相和切削刀具之间的黏合会被破坏，从而导致切削刀具的撕裂。

总之，刀具的磨损与材料的去除温度密切相关，要达到最长的刀具寿命，需要一个最佳的材料去除温度。当材料去除温度低于最佳温度时，刀具强度会降低；当材料去除温度高于最佳温度时，刀具强度会因过热而降低。

在激光辅助下铣削 Si_3N_4 时，刀具的失效模式是在工件温度低于玻璃相的软化点时发生刃口崩裂，这是因为在切削过程中刀具与工件间歇性接触时，切削刃受到频繁的高动态冲击。在工件温度较高时，切削刃的磨损成为主要的刀具失效模式，并且随着工件温度达到某点时磨损显著降低。在激光辅助铣削加工中，为了减少刀具磨损所允许的最大工件温度高于激光辅助车削加工，这是因为在铣削加工中，刀具与切屑接触时间较短而使刀具温度较低。

与铣削过程类似，刨削过程中刀具与工件啮合时对刀具的压力很大，往往会导致严重的磨损，并在侧面和斜面上造成较大面积的断裂。切割前的激光加热能有效软化工件，使侧面和斜面处均未出现断裂现象。

缺口和侧面磨损是使用陶瓷刀具对 Inconel 718 合金进行传统车削时主要的刀具失效模式。对于钛合金车削工艺来说，在溶解与扩散、磨损、黏附和磨损机制的作用下，侧面和凹坑磨损是主要的刀具失效模式。

Ti-6Al-4V 合金的 LAM 过程中的最佳材料去除温度是 250℃，在此温度下，塑性变形产生的热量和激光能量输入产生的热量达到平衡，并且在 107m/min 的切削速度下，由 Co 扩散控制的凹坑磨损降至最低。LAM 工艺与传统加工相比，由于 Co 扩散的速度增加造成温度升高，从而导致刀具寿命缩短。

在最佳材料去除温度下，LAM 加工过程中按材料去除量计算的刀具寿命比切削速度高于 107m/min 的传统加工过程中的刀具寿命短，如图 3.23 所示。在混合加工中，通过一个带有液氮通道的储液帽来冷却刀具的前刀面，在所有切削速度下都能显著提高刀具寿命。

由于硬质合金刀具在高温下的强度较低，在对 Inconel 718 合金进行 LAM 切削时，刀具寿命比使用硬质合金刀具进行传统切削时要短。因此，在 LAM 工艺中选择适当的刀具非常重要。在对 Inconel 718 合金进行激光辅助车削时，缺口和侧面磨损都有所减少。缺口和最大后刀面磨损（VB_{max}）随材料去除温度的增加而减少，最高可达 540℃，而平均侧面磨损 VB_{ave} 在材料去除温度达到 360℃时达到最低值，之后，随着温度由 360℃升高到 540℃过程中而略有增加。

在恒定的材料去除温度 540℃中，Ti-6Al-4V 合金的 LAM 加工和传统切削加工中刀具磨损量随着切削速度的增加而增加。相反，Inconel 718 合金的

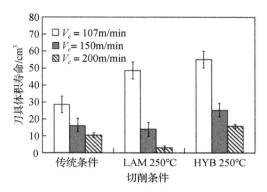

图 3.23　当切削进给量和切削深度分别为 0.07mm/rev、0.76mm 时，
最佳材料去除温度时的不同切削条件下切削速度对刀具寿命的影响

LAM 加工中，刀具磨损（缺口和刀面磨损）随切削速度的增加而减少。这可能是由于材料去除温度与切削速度无关。

Inconel 718 合金的 LAM 工艺中，激光束在倒角表面上的位置对减少缺口和刀具磨损的影响比对减小侧刀面磨损的影响更大。当激光束入射到倒角上边缘时，凹槽磨损的减少幅度更大；当激光束入射到倒角肩根部附近时，刀尖磨损的减少量更大。

研究还发现，激光束的入射方向对刀具磨损有显著的影响。在使用硬质合金刀具对 Ti-6Al-4V 合金进行激光辅助车削时，激光光斑沿工件旋转的短轴方向更有效，而在使用陶瓷刀具对 Inconel 718 合金进行激光辅助车削时，激光光斑沿工件旋转的长轴方向更有效，这是因为后者的切屑温度更高，而陶瓷刀具在高温下的强度较高。

使用具有矩形光束的激光二极管激光束辅助车削 D2 钢时，当矩形光束垂直于进给方向入射时，工具钢在 LAM 加工过程中的侧面磨损更少，因为在这种光束入射方向上的表面温度更高、切削力更小。当表面温度为 300~400℃、未切削厚度为 0.05mm 时，工具钢的厚度会发生软化，从而减少了工具钢在 LAM 过程中的侧面磨损和刀具急剧失效。

当材料去除温度高于 120℃ 并低于 400℃ 时，溶解和扩散主导刀具磨损至关重要的刀具和切屑界面温度（T_{int}）远低于奥氏体不锈钢的传统加工温度，如图 3.24 所示。当材料去除温度超过这一温度范围时，刀具的磨损会加剧，最终会导致刀具提前失效。

另外，还观察到，在加工过程中，带涂层的 K10 刀具和淬火钢 XC42 之间的摩擦系数在激光束的辅助下会减少，但是在奥氏体不锈钢的 LAM 工艺中，材料去除温度从 25℃ 到 450℃ 温度范围内摩擦系数保持不变，这表明，在 LAM 过程中剪切角可能发生了变化。在 LAM 过程中，切屑形成的剪切角减小，切屑厚度

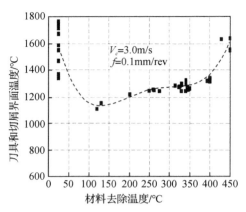

图 3.24 不锈钢 LAM 加工过程中材料去除
温度对刀具和切屑界面温度的影响

增加。

Ti-6Al-4V 合金和 Inconel 718 合金在传统铣削加工中,由于刀具与工件相啮合时切削刃上的循环力较大,因此,刀具的刃口崩裂是主要的刀具失效模式。在激光束辅助作用下,切削力减小对刀具切削边缘的影响降低,因此,在激光辅助铣削 Ti-6Al-4V 合金时,边缘崩边现象明显减少。然而,通过热加工 Ti-6Al-4V 合金时,工件过热会导致切屑堆积的边缘越来越大。由于激光功率较高,刀具过早失效,造成刀具寿命缩短。

激光束使 Al_2O_3 p/Al 复合材料中的 Al 基体发生软化,使得 Al_2O_3 颗粒更容易进入加工表面,从而降低了加工表面的应力和变形。因此,与传统加工相比,Al_2O_3 颗粒对刀具侧面的磨损更小。

刀具的失效来源于严重的侧面磨损,这是由于切削铝/碳化硅复合材料时的磨损机制造成的。随着预热温度的升高,刀面磨损显著增加,这与加固刃的稳定范围向较低切削速度的转移有关。同时,加固刃的角度变化也保护了侧面免受磨料磨损。

3.5.5 表面质量

加工表面的完整性取决于其表面粗糙度、表面或次表面损伤、加工次表面的微观结构变化以及残余应力。

在一定温度上,Si_3N_4 的 LAM 工艺后的加工表面特征由不规则的玻璃相碎屑的堆积和消除的 β-Si_3N_4 晶粒空腔组成。与 PSZ 的 LAM 工艺相似,表面粗糙度对材料去除温度并不敏感,而是取决于 Si_3N_4 晶粒的尺寸和分布。

陶瓷的 LAM 可能会发生工件断裂。Si_3N_4 陶瓷在高进给率下进行 LAM 时发生的断裂是由于缺乏软化导致的机械断裂。在高进给率下,对莫来石进行

LAM 工艺中,由于热诱导应力而发生热断裂,在高激光功率密度下,由于热诱导开裂使得 PSZ 发生断裂。

热影响区(HAZ)在未切削前出现局部裂纹,表明激光热循环在 PSZ 中引入了较高热应力。裂纹区域的厚度随材料去除温度的增加而增加。如果裂纹厚度大于切削深度,裂纹就会停留在次表层,从而影响加工部件的性能。因此,必须控制激光功率或材料去除温度,才能用 LAM 工艺制造出无损伤的零部件。

在铣削陶瓷(Si_3N_4)过程中,切削刀具进入和离开工件时,刀具与工件之间突然产生的冲击和应力释放会导致工件的入口与出口的边缘处会出现边缘崩边。工件边缘崩边会导致尺寸和几何精度变差,并成为开裂的源头。在对 Si_3N_4 进行激光铣削时,工件温度的升高可以消除入口和内部边缘的崩边,但无法完全避免出口边缘崩边;然而,由于激光辅助铣削过程中工件温度不断升高,大尺度的出口边缘崩边会显著减少。工件边缘崩边的减少是工件软化和增韧机制共同作用的结果。当温度高于脆/韧转变温度并低于整体软化温度(1300~1400℃)时,工件的软化和增韧均产生积极影响,如图 3.25 所示。

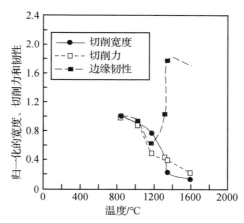

图 3.25 Si_3N_4 在 LAM 过程中温度对软化、工件韧性和工件边缘崩角的影响

相比于传统加工钛合金、Inconel 718 合金和钢,激光辅助机械微加工(LAMM)的加工表面更加光滑。激光辅助机械微加工(LAMM)H-13 模具钢(42 HRC)的表面粗糙度也有显著改善。激光加热降低了屈服强度,使变形更容易,由于切屑断裂应力较低,加工表面的晶粒脱落也较少。切削力和刀具的振动以及连续切屑的减少也有助于得到更好的工件表面光洁度。

高激光功率可改善 Inconel 718 合金的表面加工质量。随着材料去除温度的升高,Inconel 718 合金在 LAM 工艺中的表面粗糙度会降低。此外,在高温下加工 Inconel 718 合金时,有时会出现表面氧化现象,导致表面质量略有下降。Inconel 718 合金在高温加工过程中表面完整性得到改善的原因如下。

(1) 由于工件硬度较低,切屑断裂应力较小,因此排屑更加顺畅。

(2) 较高的温度防止了二次崩刃,从而提升了刀具使用寿命。

尽管在 42CrMo4 钢的 LAM 加工过程中,切削力与激光功率的关系微乎其微,但随着激光功率的增加,表面粗糙度得到了显著的改善。这样就可以在不影响表面质量的情况下,通过提高切削速度和进给量来实现更高生产率。

难加工材料经过传统加工后,经常会在次表面观察到塑性变形。这可能会导致工件深度上的高应变硬化。由于 LAM 工艺中切削力的减少,应变变形影响区的硬度和深度都比传统加工小,这与等离子体强化加工 Inconel 718 合金的结果相似。如果根据加工参数对激光热输入进行良好的控制,则次表面不会发生相变。工具钢 LAM 加工次表面的硬度与整体工件相比没有发生改变。

尽管激光辅助加工硬化钢(如 1090 钢)时会增加切削力,但在加工过程中,激光束的辅助会改善表面完整性。对淬硬的 A2 工具钢进行微钻孔加工时,激光预热不仅提高了表面粗糙度,还提高了尺寸精度。在激光加热情况下,由于刀具变形较小、刀具磨损率较低,因此切槽深度更接近设定的切削深度。

在对 Al_2O_3 颗粒增强铝基复合材料的 LAM 工艺中,软化的基体很容易被挤出,同时,更多的 Al_2O_3 颗粒被切削工具推向加工表面,在加工表面附近产生更多的 Al_2O_3 颗粒,从而提高了加工表面的耐磨性。此外,用 LAM 生产的加工表面显示出比传统加工表面多 3 倍的残余压应力。在 LAM 工艺中产生的 Si_3N_4 加工表面上,轴向和周向方向都观察到残余压应力。不过,由于玻璃相的软化显著缓解了材料去除区的残余压应力,因此,其要小于传统磨削产生的应力。

LAM 加工过程中,由于切削是在低应力状态下从工件上去除,因此,加工表面的残余压应力低于 Ti-6Al-4V 合金和轴承钢。这种影响在低切削速度时更为明显,而当切削速度高于 54m/min 时,这种影响可以忽略不计。

抛光是一种利用硬辊或球压制金属工件表面的工艺。由于表面层的塑性变形,该工序会产生具有高硬度和残余压应力的光滑表面。如果在用抛光辊抛光之前对工件表面进行激光加热,表面层的塑性变形则会更大。与传统抛光相比,这将导致更低的表面粗糙度、更高的表面层硬度和更大的表面残余压应力。

3.6 LAM 的优化和能效

在对 PSZ 进行 LAM 加工时,材料去除温度非常重要,因此,要通过比较比切削能(u_c)、刀具寿命、废料率和表面粗糙度来确定其最佳范围,如图 3.26 所示。Si_3N_4 的材料去除最佳温度范围是 1270~1490℃,莫来石的材料去除最佳温度范围是 1043~1215℃,Inconel 718 合金的材料去除最佳温度范围是 550~650℃,奥氏体不锈钢 P550 的材料去除最佳温度范围是 120~340℃,Ti-6Al-

4V 合金和蠕墨铸铁的材料去除最佳温度范围是 250～400℃。最终确定材料去除最佳温度范围为 900～1100℃。

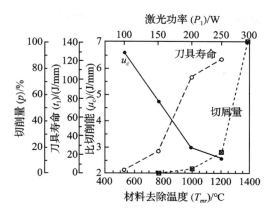

图 3.26 PSZ 在 LAM 过程中材料去除温度对比切削能、刀具寿命和切屑量的影响

在 LAM 过程中,工件吸收的能量不仅会将待去除材料的温度升高到所需的材料去除温度,而且还会加热去除区以下的材料温度。预热效率被定义为将待去除材料加热到所需材料去除温度所需的最小能量(P_{min})和从外部热源吸收的总能量(P)的比值,即

$$\eta = \frac{P_{min}}{P} \tag{3.14}$$

这种预热效率随着材料去除温度的增加而减小,如图 3.27(a)所示,因为大量的能量被浪费在加热切削区外的材料。提高预热效率可显著降低比能(u_{total}),如图 3.27(b)所示。总比能(u_{total})包括机械切削能(u_c)和热能(u_t)。因

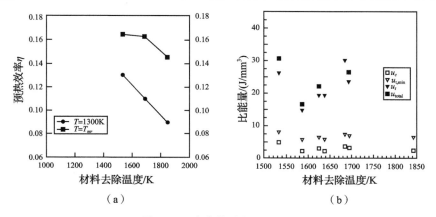

图 3.27 激光辅助加工 Si_3N_4

(a)预热效率与材料去除温度之间的函数关系;(b)比能与材料去除温度之间的函数关系。

此，为了充分发挥 LAM 的优势并提高预热效率，选择最佳材料去除温度至关重要。

3.7　LAM 的数值模拟

加工是一个涉及工件变形、工件和刀具之间的摩擦以及材料去除的复杂过程。激光束加热会在切削刀具前方沿工件厚度方向产生较大的温度梯度。在多尺度有限元模型中，Si_3N_4 陶瓷的建模采用了连续体模型元素和界面内聚元素，连续体元素代表整体工件，界面内聚元素则代表晶间裂纹的产生和扩展。为了模拟 Si_3N_4 陶瓷 LAM 工艺下的材料去除过程，开发了独特的元素模型。横向长裂纹的扩展与主力的峰值有关，而中间长裂纹向下扩展与推力的峰值相关。

根据温度分布信息，可以确定切削刀具与切屑之间构成的规律和摩擦力。激光辅助车削 Inconel 718 的三维有限元分析可以预测切削力和切屑厚度，与传统加工相比，剪切区和刀具-切屑界面的温度更高，切削刀具上的应力更低。主剪切区的应变和应变率场几乎不受激光辐射的影响，这表明，切削力的降低主要是由热软化引起的。

3.8　LAM 的发展趋势

激光辅助加工工艺显著提高了难加工材料的加工能力。一般来说，激光辅助加工可以降低切削力，延长刀具使用寿命，获得更好的加工表面和更高的材料去除率，因此，适用于各种工件材料当中，如陶瓷、金属和复合材料等。

LAM 工艺中引入外部热源，在切削前对工件进行局部加热，这可能会导致切削区的温度过高，同时，由于切削刀具的过早退化、溶解和扩散的加速与黏附等原因，这样的高温可能会缩短切削刀具寿命。因此，需要更有效的方法来加强切屑从刀具上的分离，并在不影响工件局部加热的情况下冷却刀具。

LAM 是一个复杂的工艺过程，激光束不仅会改变流动应力，还会改变工件的变形行为以及切屑与切削刀具之间的摩擦。LAM 工艺涉及许多参数（如激光参数、切削参数和工件性能等），因此，针对特定工件材料进行优化是一项具有挑战性的任务。

迄今为止，所报道的大多数 LAM 研究都是针对车削或铣削的表面操作。由于激光束和机器加工集成的复杂性，将 LAM 工艺应用在其他加工过程（如钻孔）是极具挑战性的工作。因此，在这方面还需要开展进一步的工作使该工艺从产业产能的角度获取更高的吸引力。

参考文献

[1] 张迎信,安立宝. 激光加热辅助切削加工技术研究进展[J]. 航空材料学报,2018,38(2):77-85.

[2] CHRISTIAN B, CHRIS J R, MICHAEL E. Laser-assisted milling of advanced materials [J]. Physics Procedia, 2010, 5(12): 259-272.

[3] 宋盼盼,赵玉刚,蒲业壮. 激光辅助切削氮化硅陶瓷的温度场仿真及参数研究[J]. 应用激光,2019,39(4):634-640.

[4] FARSHID J, SOROUSH M, DOMENICO U. Experimental and numerical investigation of thermal loads in Inconel 718 machining [J]. Materials and Manufacturing Processes, 2018, 9(33): 1020-1029.

[5] MIRGHANI A, MEFTAH H. Efficient cryogenic cooling during machining of rolled AlSl 4340 steel [J]. Advanced Materials Research, 2012, 576: 123-126.

[6] SUN S J, MILAN B, MATTHEW S D. Effect of tool wear on chip formation during dry machining of Ti-6Al-4V alloy, part 2: Effect of tool failure modes [J]. Proceedings of the Institution of Mechanical Engineers, 2015, 231(9): 1-12.

[7] LIU Q M, XU J K, YU H D. Experimental study of tool wear and its effects on cutting process of ultrasonic-assisted milling of Ti6Al4V [J]. The International Journal of Advanced Manufacturing Technology, 2020, 108(25): 2917-2928.

[8] CH A A, HUMA H, LI B H. Influence of cryogenic treatment duration of drills on drilling performance and hole quality of metal matrix composite materials [J]. Journal of Mechanical Science and Technology, 2023, 37(10): 1-11.

[9] 郭兵,刘文超,赵清亮. 水辅助激光微细加工技术进展[J]. 哈尔滨工业大学学报,2020,52(7):11-19.

[10] 沈诚,邹平,康迪. 超声振动透镜辅助激光打孔实验研究[J]. 中国机械工程,2020,31(21):2542-2546.

[11] WU C J, ZHANG T Y, GUO W C. Laser-assisted grinding of silicon nitride ceramics: Micro-groove preparation and removal mechanism [J]. Ceramics International, 2022, 48(1): 32366-32379.

第4章 激光清洗

4.1 引　言

传统的清洗方法主要有高压水清洗法、机械清洗法、化学清洗法、超声波清洗法等。这些清洗方法主要用来清除锈迹、油脂等表面污染物，在很大程度上满足了工业生产和日常生活中的需求。在环境保护要求不断提高的背景下，传统的清洗技术应用受到了很大的限制。1987年签署的《蒙特利尔议定书》中要求"在工业清洗中被广泛使用的氯氟烃等有机溶剂的使用应逐渐减少，以降低对环境及公共健康问题的影响。"激光清洗技术恰好契合环保这一要求，此外，激光清洗技术还具有清洗效果佳、应用范围广、精度高、非接触式和可达性好等优点，与清洗剂、超声波、机械方式的清洗方法相比具有显著优势，有希望部分甚至完全替代传统的清洗方法，成为21世纪最具发展潜力的绿色清洗技术。

近年来，激光清洗成为工业制造领域的研究热点之一，研究的内容涉及工艺、理论、装备以及应用等方面，与国外相比，我国在激光清洗装备和应用方面的整体水平还有待提升。

在工业应用领域，随着激光器的高速发展，国内外学者对激光清洗机理的研究不断深入，表面质量的监测与表征方法日趋完善，激光清洗材料表面的质量得到提升，清洗精度和效率也逐渐增加。激光清洗技术已能可靠地清洗大量不同的基材表面，清洗对象包括钢、铝合金、钛合金、玻璃和复合材料等，应用行业覆盖航天、航空、船舶、高铁、汽车、模具、核电和海洋等领域。

4.2 激光清洗的特点及分类

4.2.1 激光清洗的特点

与传统清洗技术相比，激光清洗技术具有如下优点。

(1)激光清洗可以采用"干洗"模式，即不需要清洁液或其他液体，清洗所用的介质就是激光本身。

（2）可以利用激光的特点对清洗部位进行准确定位,实现精细化清洗。

（3）通过调整激光工艺参数,可以在不损伤基体材料表面的基础上,有效去除污染物,恢复表面原有的状态。

（4）能有效清除微米甚至是亚微米级别的污染物颗粒,由于其吸附能力极强,激光清洗外的其他方法很难做到。

（5）激光清洗很容易实现自动化控制,清洗过程可以实时监控,通过反馈调整清洗工艺。

（6）激光清洗能够清除污物的范围和适用的基材范围十分广泛。

（7）激光清洗设备可以长期使用,运行成本低。

（8）激光清洗是一种绿色清洗工艺,清洗下来的污染物一般以固体颗粒的形式存在,体积小,便于回收,对环境无污染。

当然,激光清洗技术也存在一些不足,例如:激光清洗设备的费用相对较高;激光是一种高新技术,需要具有一定的专业知识才能进行操作;激光对人体有一定的伤害,在使用时需要做好安全防护。

4.2.2 激光清洗的分类

激光清洗技术类型划分并没有固定的、统一的标准,一般而言,根据激光清洗过程中是否使用辅助材料可以分为以下几种类型。

（1）干式激光清洗法。激光直接照射在物体表面,污染物颗粒或者表面膜层吸收激光能量后,通过热扩散、光分解、汽化、振动等作用机制使污染物脱离表面。

（2）湿式激光清洗法。湿式激光清洗法也称为蒸汽激光清洗法,这种方法是在待清洗的材料表面喷上一些无污染的液态或气态水、乙醇,然后用激光照射,液体介质或者基底材料吸收激光能量后,产生爆炸性汽化,把其周围的污染物颗粒推离材料表面。

（3）激光复式清洗法。激光能量被基底材料吸收后,通过热对流把吸附的中间介质加热,中间介质产生爆炸性汽化,在高气流的推动下,污染物随同中间介质一起脱离基底材料表面。例如,采用激光加惰性气体的方法,即在激光辐射的同时,用惰性气体吹向工件表面,当污染物从表面剥离后,就被气体远远吹离表面,避免清洁表面再次污染和氧化。

（4）激光混合式清洗法。用激光使污染物松散后,再用非腐蚀性的化学方法去除污染物。

以上各类清洗方法中,前两种是最基本的激光清洗方法,后两种是与激光清洗结合的复合或者混合式方法。目前,在工业生产中主要采用前面3种清洗方法,其中干式激光清洗法和湿式激光清洗法用得最多。

4.3 激光清洗的物理基础

4.3.1 物质对激光的反射、散射和吸收

光是电磁波,当激光照射到清洗物时,清洗的本质是激光与物质发生相互作用。对于大多数物质来说,磁场对于物质中电子的作用力比电场的小很多,因此,可以忽略磁场对电子的作用,只考虑电场对物质的作用。

在均匀且无吸收的传播介质中,激光的电场可用下式表示:

$$E = E_0 \exp\left[i\left(\frac{2\pi z}{\lambda} - \omega t\right)\right] \tag{4.1}$$

式中:E_0 为振幅;z 为激光传播的方向;ω 为角频率;λ 为波长。

当激光照射在材料表面时,会发生反射和吸收,反射吸收后剩余的激光能量则会透过材料。总的能量是守恒的,即

$$I = I_r + I_a + I_t \tag{4.2}$$

式中:I 为入射的总光强;I_r 为材料表面反射(漫反射和散射)的激光光强;I_a 为有限厚度材料吸收的激光光强;I_t 为透过材料的激光光强。

1)材料对激光的反射和散射

在激光清洗过程中,激光入射到工作表面时,首先发生的是光的反射和散射。研究激光清洗过程的激光反射和散射过程有重要的意义。一方面,激光照射到清洗对象的表面时,部分光会被反射和散射掉,这部分光能量多了,则用于清洗的光能就少了;另一方面,不同的材料,对于激光的反射和散射是不同的,通过分析反射和散射光,可以判断清洗过程中材料随着时间发生了什么变化,即可以通过检测反射和散射光实现清洗过程的在线实时检测,这种技术对于精细清洗过程和提高清洗效率有实际应用意义。

(1)反射。在激光清洗中,除了部分特殊的清洗机制(如以一定角度入射的清洗以及背向入射的清洗方式)外,一般清洗中,采取激光与待清洗表面垂直入射的方式。在这种情况下,对于光滑的材料界面,反射率为

$$R = \frac{(n_1 - n_2)^2}{(n_1 + n_2)^2} \tag{4.3}$$

式中:n_1、n_2 分别为两种介质的折射率。折射率与光的波长有关,所以光线在界面上的反射率与介质的物理功能、光线的波长相关。

在实验中,反射率可以通过积分球的方式实际测得。当材料厚度远大于吸收长度时,材料的吸收率可以通过反射率 R 求得,即

$$A = 1 - R \tag{4.4}$$

相反的情况是:激光作用材料是厚度小于吸收长度或相同数量级的有限厚

度,激光会透过吸收材料,故不能仅通过反射率来计算吸收率。在这种情况下,可以使用材料的反射率和透射率来计算吸收率。

(2)散射。在不光滑的材料表面,激光衰减的原因主要是散射。可以用朗伯定律描述散射后的光强,即

$$I = I_0 e^{-\alpha_s l} \tag{4.5}$$

式中:I_0 为入射光强;α_s 为散射系数,与材料性质、表面粗糙度、激光波长有关。

散射的光波长与入射光波长相同,即波长在反射过程中没有变化,类似于粒子的弹性碰撞过程,称为弹性散射。当入射激光与工作物质的作用过程存在量子作用过程时,散射过程相对比较复杂,散射光的波长将与入射激光的波长不同,此时的散射过程称为非弹性散射。在激光清洗过程中,基本上用的是弹性散射。

2)材料对光的吸收

入射到清洗对象的激光,在表面被反射和散射后,剩余的光能量将进入材料(污染层和基底),并被材料吸收。激光将首先被污染层吸收,如果污染层很薄或者污染层对于激光的吸收系数很小,则会穿透污染层,进入基底,被基底吸收。

材料对激光的吸收随穿透深度 z 的增加,光强 I 按照指数规律衰减,即

$$I(z) = (1-R)I_0 \exp(-\alpha z) \tag{4.6}$$

式中:R 为材料表面对激光的反射和散射率;I_0 为入射激光强度;$(1-R)I_0$ 是表面 $z=0$ 位置处的穿透光强;吸收率 α 是与材料属性相关的物理参数;z 为穿透深度。

激光深入到材料深处,光强降低至入射光强 I_0 的 $1/e$ 时所穿过的距离称为吸收深度或吸收长度。一般认为,到达吸收深度,激光能力基本上就被材料吸收了。吸收深度 l_α 满足

$$I_0/e = I_0 \exp(-\alpha l_\alpha) \tag{4.7}$$

因此,$l_\alpha = 1/\alpha$,可见,激光进入材料后,呈指数衰减,将被有限厚度的材料吸收。材料的吸收系数大,则吸收深度短,反之则长。吸收系数 α 除与材料的属性有关外,还与激光波长、材料温度和表面状况等有关。

当激光的吸收长度大于材料层厚度时,将有一部分能量透过材料层,被材料吸收的能量取决于材料层的吸收系数和厚度;当激光的吸收长度小于材料层厚度时,激光束将被材料层完全吸收。吸收长度远小于材料层厚度的材料称为强吸收材料,这种材料中激光所能到达的深度小于激光波长。

激光清洗中的污染物和基底,可能是金属也有可能是非金属。下面将对这两类材料的吸收予以叙述。

(1)金属材料对激光的吸收。激光清洗中,很多基底材料是金属,如用激光

清除铝合金基底上的油漆,基底就是铝合金。有时候污染层也是金属,如钢材表面的铁锈,是金属氧化物。

激光清洗时,激光与金属材料作用首先引发的是能量传递与转换。激光束照射金属材料时,其能量转化仍要遵循式(4.2),金属材料的厚度远大于吸收深度时,对激光而言是不能穿透的材料。将式(4.5)两边分别除以 I_0,则激光作用于金属材料的能量转化式可以变换为

$$1=I_r/I_0+I_t/I_0=R+A \tag{4.8}$$

可见,激光照射金属材料时,其入射光强最终分为被金属反射和被金属吸收的两部分。对于金属材料来说,激光入射到距离表面为 z 深度处的激光强度仍遵循:

$$F_v(z)=F_{v0}(1-R_e)\exp(-\alpha z) \tag{4.9}$$

式中:$F_v(z)$ 是距表面 z 处单位体积材料吸收的功率密度,F_{v0} 是材料表面吸收的功率密度,R_e 是材料的反射率;α 是材料的吸收系数。

随着激光进入材料深度的增加,光强将以几何级数减弱;此外,激光通过长度为 $1/\alpha$ 的厚度后,强度减少到入射时的 $1/e$,即材料吸收激光的能力取决于吸收系数 α 的数值。

金属对激光的吸收率 A 与激光波长 λ、金属的电阻率 ρ 的关系式可以表示为

$$A=0.365(\rho/\lambda)^{1/2} \tag{4.10}$$

可以看出,金属的吸收率与金属本身有关,钛、钨、铁等金属的吸收率相对较高。金属的吸收率与波长也有关系,一般而言,波长越短,吸收率越高。表 4.1 给出了一些金属材料的吸收率。可见,大多数金属材料对于波长为 $10.6\mu m$ 的二氧化碳激光吸收率较低。对于波长为 $1.06\mu m$ 的 Nd:YAG 激光,吸收率则要高很多,甚至高一个数量级。因此,材料对波长的吸收率表现出强烈的选择性,我们将 A 与 λ 有关的这种吸收称为选择吸收。

表 4.1 金属材料对 Nd:YAG 激光和 CO_2 激光器波长的吸收率(单位:%)

金属材料	吸收率	
	Nd:YAG($\lambda=1.06\mu m$)	CO_2($\lambda=10.6\mu m$)
Al	8	1.9
Cu	10	1.5
Au	5.3	1.7
Fe	35	3.5
Ni	26	3.0
Pt	11	3.6

(续)

金属材料	吸收率	
	Nd:YAG($\lambda=1.06\mu m$)	CO_2($\lambda=10.6\mu m$)
Ag	4	1.4
Sn	19	3.4
Ti	42	8.0
W	41	2.6
Zn	16	2.7

此外,金属对激光的吸收率也会随着温度的变化而变化,温度越高,吸收率越大。在室温时,吸收率较小;接近熔点时,其吸收率可以达到40%~50%;当温度接近沸点时,其吸收率甚至可以高达90%。吸收率跟激光功率密度也有关系,激光功率密度越大,金属吸收率越高。

图4.1给出了一些金属的吸收率随温度的变化曲线。

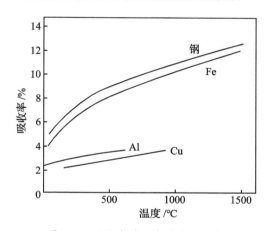

图4.1 吸收率随温度的变化曲线

以上是考虑真空条件下的情况。实际激光清洗过程中,一般在空气中,由于金属表面会产生氧化层,激光吸收率也会因此增大。由于金属温度升高,会导致金属表面的氧化加重,吸收率也会相应增大。

(2)非金属层对激光的吸收。与金属材料不同,非金属材料对激光的反射比较低,相应地,其吸收率也比较高,并且非金属材料的结构特性对于激光波长的吸收选择性有着重要的影响。通常,非金属都是绝缘体,绝缘体在没有受到激光激发时仅存在束缚电子,束缚电子具有一定的固有频率,该频率值取决于电子跃迁的能量变化,即

$$v_0 = \Delta E/h \qquad (4.11)$$

式中:v_0为固有频率;ΔE为能量变化;h为普朗克常量。

当辐照激光的频率等于或接近于材料中束缚电子的固有频率时,这些电子将发生谐振现象,辐射出次波,形成较弱的反射波和较强的透射波。材料在该谐振频率附近的吸收和反射均增强,出现吸收峰和反射峰;当辐射频率与固有频率相差较大时,相对来说,均匀的绝缘体体现出透明特性,具有较低的反射和吸收特性。

对于油漆涂层等有机物材料来说,激光的吸收除了电子跃迁,还会通过分子间的振动进行能量耦合。当激光束作用在有机物材料时,除了被材料表面反射掉的能量,将进入材料内部并被吸收。有机物的熔点和汽化点较低,容易在材料表面形成一层等离子体,并增强耦合效率,进一步吸收激光能量,由于瞬间吸收太强,涂层更容易被清洗掉,最终使基底显露出来,完成清洗过程。

4.3.2 污染物与基底的结合力

了解了激光与物质相互作用的基本原理后,我们来看激光是怎么使污染物从基底材料表面剥离的。激光清洗与传统的物理或化学清洗方法相比,虽然技术手段不同,但是物理本质是一样的,都需要克服污染物与其所附着的基底表面之间的结合力。激光清洗是通过激光与物质相互作用,吸收光能,克服污染物与基底材料间的结合力,从而使污物清除干净。为此,首先需要知道污染物和基底是怎么结合的。

污染物黏附在基底上,存在各种形式的力,情况复杂,受到众多因素的影响,主要存在 3 种主要的黏附作用,分别是范德瓦耳斯力、毛细力和静电力。

对于小于几个微米的微粒,范德瓦耳斯力是主要的黏附力,来源于两种接触的物质中一方的偶极矩与另一方的诱发偶极矩之间的相互作用,表现为引力。

两平行平面之间单位面积的范德瓦耳斯力可以表示为

$$F_v = \frac{h}{8\pi^2 z^3} \tag{4.12}$$

式中:h 为栗弗席兹-范德瓦尔斯常数,与基底和污染物的材质相关,对于聚合物-聚合物,约为 0.5eV,而金属-金属,约为 10eV;z 是污染层与基底间的距离,一般情况下,$z = 4 \times 10^{-10}$ m。直径为 d 的球形微粒与平板在点接触情况下的范德瓦尔斯力为

$$F_v = \frac{hd}{16\pi z^2} \tag{4.13}$$

式中:z 为微粒底面点与平面之间的距离。

如果由于强引力作用使表面发生了形变,那么,实际的范德瓦耳斯力要比式(4.13)给出的值大得多。当表面存在液膜时,或者是液体辅助清洗情况下,在清洗前需要先喷洒液体,这时,毛细力就不能忽略了。其表达式为

$$F_c = 2\pi\gamma d \tag{4.14}$$

式中：γ 是液膜单位面积的表面能；d 是微粒直径。

第三种黏附力是静电力，由于微粒与基底接触时二者之间存在接触势差 U，在电动势的驱使下，电荷在微粒与基底之间发生转移，在接触面的两侧形成了带有异号电荷的双电荷层，形成类似于电极板的结构，这时，微粒与基底之间的静电引力可以表示为

$$F_e = \frac{\pi \varepsilon d U^2}{2z} \tag{4.15}$$

式中：ε 是微粒与基底间空气的介电常数。

以上所述的 3 种黏附力，都与微粒直径 d 成一次比例关系。同时，我们知道，微粒所受的重力为

$$G = mg = \pi \rho d^3 / 6 \tag{4.16}$$

可见，重力与 d 为 3 次方关系。因此，微粒的尺寸很小时，黏附力增加的速度远大于重力。因此，在微粒的动力学分析中，可以忽略重力。从重力与黏附力的关系来看，微粒的粒径越小，黏附力相对越强，越难以去除。当微粒的直径减小到一定程度时，由于黏附力大，很多清洗方法已经难以清除掉微粒了。对于连续污染物的情况，如油漆、铁锈，可以将连续污染物看成一个个连续排布的微粒，其作用机理是相似的。

激光清洗以激光为清洗媒介，将光能传递给污染物和基底，利用光与物质的相互作用，使激光产生的清洗力大于污染物与基底之间的结合力，从而达到清洗的目的。具体来讲，就是将激光照射在清洗物体上，被照射区域吸收光能，光能转变为热能，由于污染物和基底对光的吸收率不同，热膨胀系数不同，会导致在不同层上的温度也不同。如果温度超过了污染物的熔点或沸点，污染物熔化或汽化，发生烧蚀效应；如果温度不足以产生相变，但是由于应力原因，产生清洗效果，发生振动效应；如果瞬间局部温度比周围温度上升明显高得多，还可能有屈曲效应；如果在污染物与基底之间产生空腔，则会有爆破效应；如果表面有液膜，则可通过液膜的汽化、爆沸、蒸发等效应将污染物清洗掉。

事实上，对于激光清洗的物理机制，有各种不同的理论模型。下面将分别介绍干式激光清洗和湿式激光清洗的基本原理。

4.4 干式激光清洗的基本原理

在干式激光清洗中，根据已有的研究成果，可以基本确定，烧蚀机制和振动机制是两种主要的清洗机制：当污染层吸收光能，温度升高，发生燃烧、汽化等现象，属于烧蚀机制；当污染层和基底先后吸收光能，转化成热能，温度升高，升温过程满足热传导方程，形成的热应力大于黏附力时，属于振动机制。

4.4.1 烧蚀效应

激光照射在基底表面的污染层时,激光与污染物相互作用,污染层吸收激光的能量,转化为体系的热能,表现为材料温度升高。当激光的能量密度足够高时,材料的温度会超过其熔点和沸点,材料因此发生燃烧、分解或汽化,从而从吸附的基底表面移除。据测算,高能量的激光束经聚焦后,位于其焦点附近位置的物体可以被加热到几千摄氏度,烧蚀机制其实就是利用高能激光作用于污染物,产生热效应来破坏材料自身的结构,从而消除其与基底的结合力,达到清洗的目的。

图 4.2 所示为激光清洗中的烧蚀效应示意图。当激光脉冲到达污染物表面时,污染物吸收激光能量并转化成热能,使得温度升高。当污染层吸收了相对较多的激光能量后,温度达到和超过污染层的汽化温度点时,就会被汽化,就好像被烧蚀剥离掉一样。

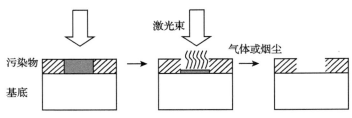

图 4.2 烧蚀效应示意图

4.4.2 振动效应

一般情况下,在清洗中,污染物厚度很薄,基底很大,通常可以假设二者不可压缩,选取激光在清洗物体上的照射区,在实际激光清洗中,光斑直径约为 1mm。在激光作用下,基底和(或)污染物吸收光能量,进而获得热量,温度上升。不同的物质对于不同波长的光吸收率不同。对于某种波长的激光,如果污染物吸收光能远大于基底,则主要是污染物吸热,会有两种情况:一是污染物吸热后体积膨胀,产生向上的弹力,使污染物剥离,如图 4.3(a)所示;二是污染物吸热后,热量没有使自身膨胀,而是将热量传递给基底,使基底膨胀,产生一个推力,使得污染物剥离,如图 4.3(b)所示。如果对于某种波长的激光,污染物吸收光能远小于基底,如污染物对于激光是透明(即污染物几乎不吸收激光)的情况,则主要是基底吸热,也会有两种情况:其一,基底吸热后,将热量传递给污染物,使之膨胀,产生一个向上的力,使污染物剥离,如图 4.3(c)所示;其二,基底吸热后,体积膨胀,产生向上的弹力,与之相接触的污染物产生了一个反向作用力,使污染物剥离,如图 4.3(d)所示。

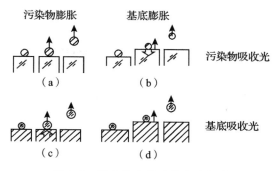

图 4.3 激光清洗振动效应示意图

由于污染物颗粒或基底的加热,污染物的质心产生了位移。可以用一维模型简单地定量说明。

在激光辐照区的微小区域内,污染物和基底受热膨胀后的位移分别为 δ_p 和 δ_s,总的位移为

$$\delta = \delta_p + \delta_s \tag{4.17}$$

式中:p、s 分别代表污染物和基底。

以垂直于基底表面方向为 y 方向,设污染物和基底的线膨胀系数分别为 α_p 和 α_s,则温度升高 T_p 和 T_s 后,在 y 方向的膨胀厚度为

$$D\delta_i(y) = \alpha_i T_i \tag{4.18}$$

那么,在整个污染物或基底高度范围 h_i 内,质心位移量为

$$\delta_i = k_i \int_0^{h_i} \alpha_i T_i \, \mathrm{d}y \tag{4.19}$$

式中:k_i 是与污染物或基底材料有关的一个参量。对于基底,$k_s = 1$;对于微粒,k_p 取决于污染物的吸热情况以及几何形状,其取值为 $0\sim1$。例如,对于吸热率小的微米级别的金属微粒,或者是小的绝缘微粒,$k_p \approx 0.5$;对于吸热率大的微粒,$k_p \approx 0$;对于吸热率大的透明微粒,$k_p \approx 1$。

根据牛顿第二定律,热膨胀产生的惯性力为

$$F = m \frac{\mathrm{d}^2 \delta}{\mathrm{d}t^2} \tag{4.20}$$

从以上公式可见,只要知道污染物和基底上升的温度,就可以计算得到力 F,如果 F 大于黏附力,则污染物将从基底上剥离。

4.4.3 薄膜弯曲效应

对于基底材料上的薄膜污染物,如油漆、铁锈等,在激光光斑较大、大面积辐射情况下,还有一种弯曲机制,如图 4.4 所示。

考虑在一维情况中大面积照射区域的情况。该区域的热应力为

$$\sigma_T = E\alpha_f T \tag{4.21}$$

式中：E 为弹性模量；α_f 为线性膨胀系数；T 为薄膜温度变化（相对于激光照射之前的初始温度）。单位体积的压缩能量密度为

$$Q = \frac{\sigma_T^2}{2E} = \frac{E}{2}(\alpha_f T)^2 \tag{4.22}$$

它从基底表面转化为薄膜运动的动能。当这个能量大于吸附能时，整片薄膜会膨胀弯曲，从基底表面脱离。

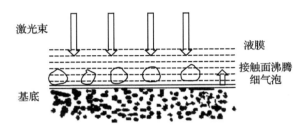

图 4.4 基底强吸收的湿式激光清洗的示意图

4.4.4 爆破效应

基底与污染物交界面有微小的空腔（气泡），或者在激光照射后形成了空腔。空腔内有可能有空气、气态基底物、气态污染物。当激光继续辐照时，空腔压力迅速增大，导致空腔的内部爆炸，从而带动污染物从基底剥离。

从上述激光清洗理论模型和相关研究过程可以看出，振动、弯曲、爆破效应，是在达到熔点和沸点之前发生的，有可能几种情况同时存在。一般而言，振动效应是普遍的情况。烧蚀过程取决于激光和吸收激光的材料的物理和光学属性，仅对于特定的污染物和基底才会有符合要求的清洗效果，有一定的条件制约；与之相比，无论烧蚀效应是否起作用，振动效应的作用均比较明显，适用范围更广泛而且体现出一定的优势，即相对于烧蚀效应来说仅需要较低的能量，因为清洗过程中不需要吸收能量使污染物温度升高超过汽化点，而是利用振动效应来使吸附物脱离，而不必破坏吸附物。此外，作用时间也更短，可以在纳秒级的时间内完成清洗过程，这种瞬时特性可以保证基底残留的热应力最小化。

4.5 湿式激光清洗的作用机制

在湿式激光清洗中，根据基底和液膜哪个更容易吸收激光能量，可以分成 3 种情况，即基底强烈吸收激光能量、液膜强烈吸收激光能量和基底与液膜共同吸收激光能量。下面将分别讨论这 3 种情况的激光清洗作用机制。

4.5.1 基底强吸收

激光能量照射在基底和液膜上，能量被吸收而转化为热量，热量在基底和液膜中扩散，可以用热扩散长度来代表扩散的程度。显然，热扩散长度与物质对激光的吸收强弱及材料本身的性质有关。对特定的材料，如果对激光的吸收强，则热扩散长度大。在基底强吸收的情况下，液体膜层对激光的吸收远小于基底对激光的吸收，对于在脉冲宽度为10ns左右的激光清洗，由于脉冲激光大量地被基底材料吸收，产生的热扩散长度在基底中约为1μm，在水膜中约为0.1μm，两者差别较大，从而在液体与基底交界面上积聚大量有待散发的能量，这些能量足以使覆盖于基底交界面的液膜产生过热和爆炸性蒸发。

理论计算表明，脉冲作用持续时间越短，液体和基底中的热扩散长度就越短，从而在热扩散范围内只需要较少的能量就可以使液膜产生更强烈的蒸发；越短的持续时间意味着在薄的液体界面处能产生越强的过热现象，从而产生更强烈的爆炸压力。当脉冲宽度超过1μs时，热量有足够的时间扩散，故在接触面上的液膜内不会聚集大量的热量，所以激光脉冲宽度不能太长，实验上也已经验证了，微秒级脉冲宽度激光清洗的效率比较低。但是并非脉冲越短越好，非常短的脉冲由于其相应的激光峰值功率非常高，很容易导致基底材料损坏。

基底强吸收的湿式激光清洗可用图4.4来说明。在液膜和基底交界处，产生大量沸腾的气泡。气泡逸出时带走污染物微粒，达到清洗的目的。

4.5.2 液膜强吸收

液膜强吸收时，激光使液膜瞬间达到很高的温度，在液体表面或内部形成气泡和爆炸，从而带动污染物跟着汽化和爆裂，其原理如图4.5所示。实验表明，液体薄膜对激光强吸收没有基底强吸收时的清洗效果好，这是因为液膜强吸收的情况下液膜表面达到很高的温度，而基底强吸收时，液膜与基底交界面达到高温。因此，对于液体强吸收的情况，气泡和强烈爆炸发生在液体表面，是在液体表面或内部形成大的瞬态力，而对于基底强吸收来说，气泡和强烈爆炸是在液膜与基底交界面上发生的，并形成大的瞬态力，很容易将紧密附着于基

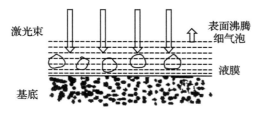

图4.5 液膜强吸收的湿式激光清洗的示意图

底的污染物清除掉,其清洗效率更高。

4.5.3 基底与液膜共同吸收

液膜和基底对激光吸收都很强时,在液膜表面和内部,以及液膜与基底交界面处,都会产生汽化、蒸发和爆炸。但是激光照射液体,很多激光能量先被液膜吸收,到达基底的激光能量会变弱,这降低了交界面处的爆裂,其原理如图4.6所示。有研究人员曾经利用脉冲 $TEA:CO_2$ 照射附着水薄膜的 Si 表面,将铝粒子清除掉。虽然使用的激光脉冲的能量密度很大,在 $10J/cm^2$ 数量级,但是清洗效率并没有基底强吸收的高。水对 $10.6\mu m$ 的 CO_2 激光的吸收深度仅为 $20\mu m$,因此,若水膜的厚度为几微米,仅有一部分的激光被水吸收,并且吸收的能量分布在体积比较大的水中,导致液膜内部产生沸腾气泡。其余的激光穿过一层厚的水膜到达 Si 基底,界面得到加温。所以需要较多的能量才可以产生蒸发、爆炸。这就是此种方法清洗效率相对较低的原因。

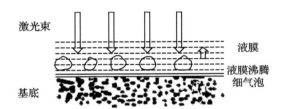

图 4.6 基底和液膜共同吸收的湿式激光清洗的示意图

4.6 激光清洗技术的应用

4.6.1 激光清洗电子元器件

在电子线路板的制造中,伴随着蚀刻、沉积、喷镀过程而附着在线路板上的微小微粒等污染物会极大地降低电子效率,甚至引起元器件的损坏。这些附着的微粒包括制造过程中的硅、氧化硅、氧化铝和聚苯乙烯等。细微微粒会造成大规模集成电路、微型高密度存储设备短路或者性能明显降低,导致微型机械表面产生划痕甚至裂纹等致命损伤,是半导体、微电子、微型机械等高新技术中迫切需要解决的问题。随着半导体和微电子设备尺寸越来越小,所需要去除的微粒也越来越小,以致达到微米、亚微米量级。这么小的污染微粒,附着在线路板上的黏附力远大于它的重力,给清洗带来了极大的困难。

1982年,德国 IBM 制造技术中心的扎卡发现,在短脉冲激光照射下,附着的微粒可以被清除掉,而不损伤硅掩模版面的图案。此后,扎卡和唐在美国的

IBM阿尔马登实验室尝试了蒸汽式激光清洗。相对于"干式"激光清洗来说，微粒去除更加干净，效率也更高。此后，进一步的研究和应用表明，激光清洗可以比较容易、高效地解决掩模版上的微粒清除问题，是目前最有效的清洗方法。

对半导体材料上的微粒，包括掩模版上的硅、氧化硅、金属球等污染物，电子线路板上的各类灰尘，在清洗过程中要保证基底安全、绝缘，激光清洗技术是相对合适的一种技术。

通过大量的实验研究，激光清洗微电子元件已经进入实际应用的阶段。本节将简单介绍实际应用的情况。

1）激光清洗聚酰亚胺薄膜、电子线路板、硅片

使用准分子激光剥离有机聚合物的技术发展迅速，如今已贯穿电子元器件封装的全过程。聚酰亚胺薄膜是高速度、高密度电子元件多层封装薄膜内部连接结构的介电材料。用准分子激光可以清除Ti、Cr、W、Ni和Pb等微粒对聚酰亚胺薄膜的污染。准分子激光还能清洗微电子系统电路表面的Cu_2O钝化薄膜。硅片表面的Al_2O_3、SiO_2和PSL（聚苯乙烯乳胶）微粒用多模脉冲CO_2激光器清洗效果不错。利用飞秒激光烧蚀硅材料表面得到抗反射结构，不仅可以有效消除激光表面的氧化层，而且可以制造出小尺度微米结构。应用聚焦椭圆激光光斑，可实现大面积和能量连续衰减的多重激光清洗，解决了清洗过程中产生新氧化层的问题。用调Q开关Nd：YAG激光器去除锆基板上的铀二氧化物和钍二氧化物微粒，该过程还可尽量减少二次废物的产生，已成为消除放射性表面污染的最具吸引力的技术。使用Nd：YAG激光作用于浸在水中的晶圆片背侧，激光能量在晶圆中引起激波，激波传输到水中，产生一个流动的气泡流。冲击波和气泡流能去除0.5μm的Al_2O_3微粒。使用脉冲能量为2mJ和脉冲持续时间100ns的Nd：YAG激光器用于碳清洗实验。激光清洗后金膜下的表面粗糙度没有任何变化。利用纳秒脉冲Nd：YAG激光对熔融石英衬底金层进行激光清洗研究，研究了脉冲宽度、光束入射角、光斑重叠、激光强度和通道数对清洗效率的影响。结果表明，在3min内，激光可以有效地清洗干净沉积厚度为48nm的金层。虽然激光冲击波清洗工艺提供了一个有前景的替代传统干洗工艺纳米级微粒去除的方法，但其对有机微粒去除一直无法解释。该工作从物理上阐明了在硅基板上使用聚苯乙烯乳胶微粒的激光冲击清洗去除有机微粒无效的原因。光学元件表面污染会使激光光束质量变差，并对光学元件造成损伤。微粒和油脂污染是光学表面常见的两种污染，采用1064nm激光诱导等离子激波清洗技术去除K9玻璃表面的SiO_2污染微粒，结果表明，去除率可达95%以上。利用KrF准分子激光去除硅片表面光刻胶的激光清洗技术，接触角测量结果表明，清洗效率达90%以上。

2) 集成电路组件消闪和退标

随着 IC 集成度的提高,针脚越来越多,孔也越来越小。传统的清洗方法难以清除小孔中的模闪,即细微粘连。用准分子激光消闪具有明显的优势,成为最适合的消闪技术。使用波长为 532nm、脉冲宽度为 7ns 的 Nd:YAG 激光器清洗 7μm 的模闪,发现激光能量密度为 300mJ/cm 时,4 个脉冲就能完全清洗干净模闪。在使用激光退标的同时也把标记表面的灰尘、油脂和氧化物等清除干净了,而且再标记的耐久性更好。

3) 激光清洗喷墨打印的软性电路

随着印刷技术的发展,为了获得更好的印刷质量,喷墨孔变得越来越小。这使得去除污染物变得越来越重要。用激光清洗只要把清洗面积定位在细小的喷墨孔周围区域,激光就不会和导电电路相互作用。激光清洗能不损坏聚酰亚胺薄膜和导电电路,高效、高产、低成本地清洗喷墨打印的软性电路。采用波长为 $1.06\mu m$(Nd:YAG)和 $10.6\mu m$(CO_2)的激光直接和间接烧灼的方法可对纸基表面导电铝膜(25nm)选择性去除。用激光脉冲对纯天然和人工污染的纸张样品进行处理,测定不同激光处理条件下纯纸和污纸的损伤阈值与清洗阈值,实验结果表明,飞秒激光辐射比纳秒情况下清洗效率更高。

4) 激光清洗光电器件

有前景的纳米电子和光电子材料受到了广泛的研究。这些光电材料表面吸附了大量的氧和水分子,降低了设备的性能,从而阻碍了精确的应用。通过激光照射光电材料器件并探究对传输和光响应的影响,表明这种激光作用过程是一种直接去除物理吸附污染的有效方法。

以上介绍表明,激光清洗为微电子行业中器件尺寸小、细小微粒不容易清除的情况提供了一种有效且可靠的技术。同时,激光清洗不存在对基底材料的磨损和腐蚀,环保性能良好,还能在狭窄空间进行清洗作业。可以预见,随着激光清洗技术的发展,它在微电子元件清洗领域中的应用会更加广泛和深化。

4.6.2 激光清洗航空发动机零部件

为确保可靠性,航空发动机使用到一定时期,必须彻底分解大修,2/3 以上寿命靠维修保障。一台航空发动机的部件可达 100 多个,零件 2 万多件,其经过长时间恶劣环境使用后,大量的叶片、涡轮、附件壳体等转动部件、热端部件、燃油系统中的精密偶件由于受损或寿命到期而导致报废。

一方面,在维修过程中,大量零部件的旧涂层、表面氧化物、残余漆层、污垢、积碳等需要进行清洗,为零件无损检测、重新涂覆涂层或漆层做准备;另一方面,在维修过程中,维修保障企业需要对部分零部件进行再制造,对于报废或有缺陷的零部件,其失效的部位往往存在腐蚀、氧化等污染层或者特殊的涂层,必须采用不同的前处理技术,对污染层和原始涂层进行彻底有效的清理,这些是保证再制造质量的关键工序,否则,无法保证后续再制造的效果和质量。

目前,我国航空发动机零部件清洗常采用的方法是金属刷手工打磨、酸液清洗、喷砂处理、有机溶剂清洗。这些传统的方法普遍存在职业健康危害大、劳动强度高、效率低、效果不理想、人工成本高等问题。因此,具有智能、高效、绿色等特点的激光清洗技术在航空发动机维修领域具有广阔的发展前景。

1) 激光清洗机匣支架表面有机硅耐热漆

利用能谱仪分析服役后机匣支架表面的元素分布情况,同时分析零件基材的金相组织、漆层的物理化学特性,认为零件服役对表面漆层无影响,且漆层与零件表面为物理结合方式。采用 125W 的激光平均功率,通过控制离焦量、清洗速度、入射角度等激光参数,可较好地清洗去除机匣支架表面有机硅耐热漆。

2) 激光清洗涡轮叶片表面氧化层

航空发动机涡轮叶片采用铸造高温合金加工而成,其工作环境异常苛刻,伴随高温、高压、高转速。同时,由于受到高温燃气冲刷,叶片表面的氧化物常常附着有大量积碳、煤油、粉尘等物质。目前,一般采用吹砂法去除表面的积碳等附着物,然后使用盐酸、缓蚀剂等组成的混合物浸泡去除零件表面氧化膜。

利用脉冲高能量激光照射涡轮叶片表面,氧化膜孔隙内的空气因吸收到激光能量后,急剧升温膨胀并迅速爆炸;同时,氧化膜内的结晶水也是吸收激光能量后迅速气化膨胀发生爆炸反应,击碎其周围的氧化膜层形成微细颗粒。通过优化激光清洗工艺参数,采用 190W 激光平均功率清洗后的涡轮叶片满足工艺使用要求。

3) 激光清洗导向器叶片表面热障涂层

采用 340W 的激光平均功率,通过控制离焦量、清洗速度、入射角度等激光参数,可较好地清洗去除导向器叶片表面的热障涂层。

4) 激光清洗排气管表面铁锈

采用 80W 的激光平均功率,通过控制离焦量、清洗速度、入射角度等激光参数,可较好地清洗去除排气管表面的铁锈层。

参考文献

[1] 雷正龙,田泽,陈彦宾. 工业领域的激光清洗技术[J]. 激光与光电子学进展,2018,55(3):66.

[2] 孙浩然. 铝合金表面油漆涂层激光复合清洗工艺及去除机制研究[D]. 哈尔滨:哈尔滨工业大学,2021.

[3] 李伟. 激光清洗锈蚀的机制研究和设备开发[D]. 天津:南开大学,2014.

[4] 宋峰,林学春. 激光清洗技术与应用[M]. 北京:清华大学出版社,2021.

[5] XU J W, WU C, ZHANG X, et al. Influence of parameters of a laser cleaning soil rust layer on the surface of ceramic artifacts[J]. Applied Optics, 2019, 58(10): 2725-2730.

[6] 佟艳群. 激光去除金属氧化物的机理与应用基础研究[D]. 苏州: 江苏大学, 2014.

[7] WENG T S, TSAI C H. Laser-induced backside wet cleaning technique for glass substrates[J]. Applied Physics A, 2014, 116(2): 597-604.

[8] 韩丰明. 激光清洗光学元件表面污染的机理与应用研究[D]. 成都: 电子科技大学, 2016.

[9] GROJO D, CROS A, DELAPORTE P, et al. Experimental investigation of ablation mechanisms involved in dry laser cleaning[J]. Applied Surface Science 2007, 253(19): 8309-8315.

[10] SHEN Z, DING T, YE X, et al. Influence of cleaning process on the laser-induced damage threshold of substrates[J]. Applied Optics, 2011, 50(9): 433-40.

[11] LUCÍA P, CAPUCINE K. The Use of Erbium Lasers for the Conservation of Cultural Heritage. A Review [J]. Journal of Cultural Heritage, 2018, 31: 236-247.

[12] LI W, DU P, ZHANG J, et al. Passivation process in quasi-continuous laser derusting with intermediate pulse width and line-scanning method[J]. Applied Optics, 2014, 53(6): 1103.

[13] KOJIMA F, KOBAYASHI F, NAKAMOTO H, et al. Deformation formulas and inverse problems for advection-diffusion equations[J]. Studies in Applied Electromagnetics and Mechanics, 2012, 37: 61-78.

第5章 激光焊接

5.1 引　言

激光焊接能够满足汽车、医疗、电子、能源、航空航天、船舶制造、石油管道等多个领域中的连接需求。随着高功率和高光束的组合激光器的出现以及自动化程度的提升，激光焊接的应用范围正在进一步增加。图5.1比较了激光焊接与传统焊接工艺的功率密度以及对熔深、焊接速度和热影响区尺寸等重要因素的影响。以下是使用激光作为热源的典型优势。

（1）高功率密度，激光小孔焊接的功率密度大于 $10^6\,W/cm^2$，而传统电弧焊的功率密度为 $10^4\,W/cm^2$ 左右。因此，激光焊接具有以下主要优势：熔化区深而窄，可实现厚板焊接；焊接速度快、接头设计简单，生产效率高；热输入使得热影响区（HAZ）小，热变形；可焊接多种材料和异种材料。

（2）工艺灵活性和自动化适应性。

（3）非接触、零作用力工艺（既不会出现搅拌摩擦焊等固态加工过程中的工具磨损问题，也不会出现氩弧焊中的钨夹杂问题）。

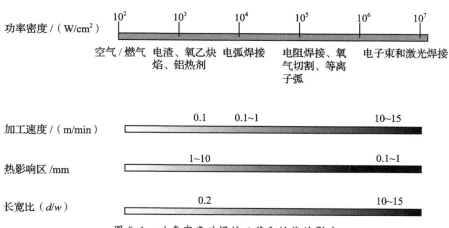

图5.1　功率密度对焊接工艺和性能的影响

5.2 激光焊接工艺的分类

基于激光的焊接工艺分类如图 5.2 所示。

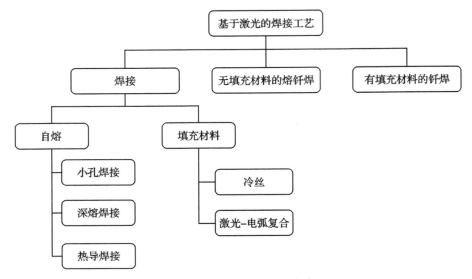

图 5.2 激光焊接工艺的分类

如果仅使用激光束来熔合待连接材料，不使用填充材料，则称为自熔焊接。根据激光源提供的能量，焊接以不同的模式进行，可分为热传导焊、深熔焊以及小孔焊。典型的热传导焊、深熔焊以及小孔焊接截面形貌如图 5.3 所示。

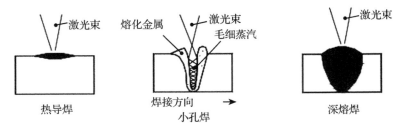

图 5.3 不同激光焊接模型下的焊缝几何形态

5.3 匙孔形成原理及影响其稳定性因素

当焊接区域的能量超过工件传导或其他传热方式传递的能量时，金属开始蒸发，蒸汽压会在熔池中心形成一个由熔化金属组成的凹陷。由于温度不同，熔融金属在不同位置的表面张力也不同，中心的液态金属不断向上流动，加深凹陷,直至形成小孔,这个小孔称为"匙孔",它将激光的能量以圆柱体的方式向工件底部传播。匙孔形成阶段示意图如图 5.4 所示。

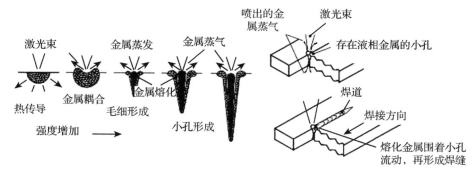

图 5.4　匙孔形成阶段示意图

当匙孔沿着焊缝移动时,会熔化前面的材料并沉积凝固在后面,从而形成焊接接头。焊接质量取决于匙孔的稳定性,即匙孔周围液态金属从开始到结束传递的稳定性。匙孔在保持张开和试图闭合力的平衡下得以维持。流体静压力和表面张力试图将其关闭,而匙孔内的蒸汽压力则试图将其打开。这种压力取决于匙孔的大小,即半径和深度。

因此,影响激光强度、熔融金属表面张力、蒸汽压力、熔池尺寸、焊接速度和保护气体特性的任何因素都会影响匙孔的动态。为了获得高质量的焊缝,需要针对激光参数、焊接材料和保护条件的特定组合来优化焊接工艺。钢材对匙孔稳定性的影响不大,而铝合金等熔体黏度较低的材料对匙孔稳定性的敏感性较强。

5.4　激光焊接系统

焊接中应用较为广泛的激光系统是 CO_2 激光器和 Nd：YAG 激光器。Nd：YAG 激光器与 CO_2 激光器相比,其波长的吸收率更高,对钢等材料的典型反射率为 60%～75%,对铝、铜和银的反射率为 75%～90%。近十多年来,盘式激光器、光纤激光器和二极管激光器也被用于激光焊接加工中。盘式激光器是 Yb：YAG 固体激光器,具有良好的光束质量,功率可到 16kW。光纤激光器能够获得极高质量、极小光斑直径的光束,同时还能获得较高功率的激光。二极管激光器是通过聚焦半导体发射的光束阵列来获得激光束,因此,能采用二极管激光器进行高效焊接,它们在激光钎焊技术中发挥着重要作用。

激光焊接通常采用单体模式,利用激光高功率密度获得较大的熔宽、熔深和焊接速度。高功率和光束的高聚性是获得大熔深和高速焊接的理想组合。聚焦性取决于光束质量,光束质量由光束参数乘积(BPP-光束半径×发散)表示,测量单位为 mm 和 mrad(如图 5.5 中 W 和 θ)。焦平面上的光斑半径(r_{foc})取决于光束的聚焦性、原始光斑尺寸、激光波长和聚焦光学系统的焦距,关系式如下:

$$r_{foc} = f \times \lambda / (r \times \pi \times K) \tag{5.1}$$

式中:f 是光斑的聚焦长度;λ 是激光波长;r 是原始光束的半径;K 是光束质量系数。光斑直径在聚焦平面上是最小的,在聚焦平面上方或者下方都会增大。

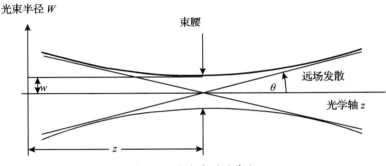

图 5.5 激光束质量参数

聚焦平面上下两平面之间的距离称为瑞利长度,即焦距或焦深(DOF),其中光斑半径的变化不超过 $\sqrt{2}$ 倍 r_{foc}。在焊接过程中,当聚焦平面的位置保持在焦深范围内,光束强度就会更加稳定,焊接效果也会更加稳定。

与激光焊接有关的属性包括熔点、沸点、熔化潜热、热容量、密度和热传导率。后 3 个因素($K/\rho C_p$)的组合称为"热扩散率(κ)",它是衡量材料导热能力的指标。扩散率越低,激光束光斑附近的热量就越多。因此,任何热导率高、密度和热容量低的金属都会更快地传导热量,使其单位时间内产生和维持熔池所需要的能量也增多。

5.5 激光焊接参数

总体来说,对各种激光焊接参数的意义简述如下。

(1)波长。波长越短,吸收率越高。这就能在较低阈值功率密度下与特定材料耦合,且短波长的光束集聚性也更好。这使得在给定的功率条件下,可达到高功率密度,这两个优势拓宽了形成小孔的加工窗口。较短的波长在等离子体效应方面也具有优势(小孔上方等离子体对能量的吸收和捕获),短波长的等离子体效应较小,这是由于等离子体的吸收系数与波长的平方成正比。

(2)功率。功率是形成小孔的关键。高的功率可扩大焊接工艺窗口,可更快地焊接各种材料,包括铝等高反射率和较厚的材料。但是,产自小孔的激光诱导羽状等离子体可能会很高,需在较高功率下才能更好地控制。

(3)光斑大小。光斑尺寸直接决定了功率密度。虽然较小的光斑能提供较高的功率密度,但也可能会产生其他问题,如需要非常精确的装配。因此,在深熔对接焊中,建议采用光斑尺寸为焊缝宽度的30%,范围为0.1～1mm,其中0.3mm最为常见。

(4)离焦量。焦距越短,束腰直径和DOF越小,发散角越大。这种情况下对工件定位的裕度低,且会产生飞溅,对光学器件造成蒸汽损害等。通常使用100～200mm焦距的聚焦光学器件。

(5)焦深(DOF)。在焊接质量可接受的情况下,工件偏离最佳焦点的允许距离。在焊接厚的工件时,适宜采用更高的DOF。

(6)焦点位置。焦平面是激光束腰直径最小的平面。其位置应使光束能产生最大穿透深度,并能达到最佳的加工公差。在表面上方聚焦(正聚焦)可能会导致产生更多的等离子体和更少的能量用于形成匙孔。在表面下方聚焦(负聚焦)可优化耦合效率,并通过多次反射增加熔池内部的能量吸收。因此,与正聚焦相比,负聚焦的阈值功率密度较低,通过向工件轻微散焦,还可以实现更高的穿透深度和焊接速度。

(7)焊接速度。随着焊接速度的增加,匙孔深度减小,焊缝保持钉头的几何形状。但是,随着速度的降低,匙孔深度只增加到某一个特定的极限,随后只有焊缝宽度会增加,从而导致深度/宽度比下降。焊接速度越快,合金元素的蒸发量就越小,熔合区的晶粒结构就越小。不过,随着焊接速度的提高,对质量控制的要求也相应提高。

(8)保护气体。在传统焊接工艺中,焊接区采用惰性气体保护,以避免焊接金属氧化或焊接金属受到附近区域材料的不利影响。在激光焊接中,保护气体还具有其他功能,如保护光学镜片不受焊接飞溅和烟尘的影响、抑制等离子体(尤其是在CO_2激光波长下)降低匙孔的不稳定性、减少熔深和增加孔隙度等。缺少保护的焊缝会出现气孔、咬边和焊道粗糙等问题。与自熔焊相比,填丝焊熔池更大、更长,需要更好的气体保护。表5.1列出了各种保护气体及其特征。

表5.1 激光焊接中保护气体及其特征

气体	电离电位	等离子体抑制	屏蔽效能	焊缝熔深	成本	缺点
Ar	15.7	好	最好	好	好	控制重型气体流量
He	24.5	最好	好	最好	坏	昂贵
Ar+He	—	较好	较好	好	好	只有氦气能实现深层渗透
N_2	15.5	好	好	较好	较好	硬质材料中出现裂纹
CO_2	14.4	好	坏	好	最好	与材料氧化反应,奥氏体不锈钢中的敏化问题

(9) 表面状态。与传统焊接工艺相比,激光焊接的表面状态显得更为重要。工件表面粗糙度和表面污染物会增加吸收率,可有效利用粗糙的表面进行焊接(图 5.6),但表面的污染物会对焊缝性能产生不利影响,如钢中夹杂氧化物和铝合金焊接中的气孔。

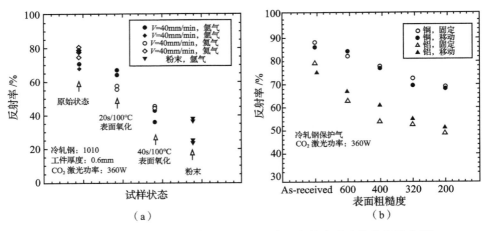

图 5.6 表面污染物对反射率的影响(a)和表面粗糙度对反射率的影响(b)

(10) 接头的设计和装配。在各种可能的激光焊接设计中,对接和搭接是最常用的。由于激光束的能量非常精确,因此,在激光对接焊中,接头的装配十分重要。例如,在 Nd:YAG 激光焊接中,允许的最大公差为 0.1mm(或材料厚度的 10%),焦点位置 ±1mm,垂直错位小于 0.2mm。

5.6 脉冲激光焊接

脉冲是指激光功率在高功率短开启和关闭时间之间的循环开启与关闭。典型的激光脉冲示意图如图 5.7 所示,其中:P_M 为平均激光功率(kW);E_P 为脉冲能量(J);T_P 是脉冲持续时间(ms);T_F 为间隔时间(ms);PRR 是脉冲重复率(s^{-1})。激光束和焊接参数为光斑面积(D,mm^2)和焊接速度(V,mm/s)。从

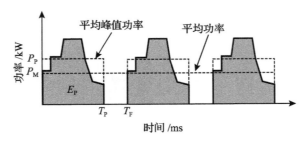

图 5.7 典型激光脉冲示意图及相关参数

图 5.7 中还可以看出基本脉冲参数,根据上述基本参数推导出的参数为

P_P 峰值功率(kW)=脉冲能量(J)/脉冲持续时间(ms)=E_P/T_P

P_D 功率密度(kW/mm²)=峰值功率(kW)/斑点面积(mm²)=P_P/D

P_M 平均激光功率(kW)=E_P 脉冲能量(J)×脉冲重复率(Hz)

C_D 工作周期=T_P/T_F

P_D 由特定光斑面积(D)的 E_P 和 T_P 值决定。高的峰值功率密度有助于与铝等反光材料的初始耦合,还能形成匙孔。脉冲持续时间有助于控制与材料的相互作用时间。工作周期和脉冲重复率可控制输入焊缝的热输入,脉冲重复率决定了焊接速度,可使脉冲产生的焊点充分重叠,从而形成焊缝。

高功率脉冲在通电时熔化和汽化材料,并在断电时金属凝固,直到下一个脉冲进入,这样一系列重叠的焊点形成焊缝。产生脉冲的频率称为重复率,因此,脉冲重复率至关重要,直接影响焊接速度。如果脉冲重复率过高,焊接过程将与连续激光焊类似。脉冲焊接的优点是热输入非常低、变形小,可焊接热敏感元件,并能精确焊接成品元件。该工艺也会导致较高的加热和冷却周期,有时会限制脉冲焊接的使用,如在焊接对凝固裂纹敏感的铝合金。

5.7 不同材料的激光焊接

5.7.1 钢的激光焊接

(1)碳钢。碳钢和合金钢的焊接性取决于碳当量。碳当量越高,越易发生冷裂纹。使用激光焊接时,由于冷却速率非常高,焊接熔合区易形成硬度较高的马氏体相。

(2)不锈钢。与碳钢相比,奥氏体不锈钢具有较低的热导率和较高的吸收率,因此,可以用较低的热输入和较高的焊接速度进行焊接。与氩弧焊相比,热应力较小,变形较小,对耐腐蚀性的影响也较小。

(3)Cr-Mo 高温钢。Cr-Mo 高温钢的焊接性问题包括高淬透性易产生硬的马氏体组织、在熔合区(FZ)形成影响蠕变性能的 δ-铁素体、焊接热影响区(HAZ)硬化导致氢脆以及在 FZ 以外形成临界区(ICZ)导致使用中的蠕变失效。激光焊接由于其热源集中和低热输入,可以减少热影响区的大小,而且小的焊缝区容易得到保护,从而可减少氢致裂纹。在高斯和环形能量分布模式下,使用高光束质量的 CO_2 激光对 6mm 厚的钢板进行了焊接实验,可实现激光热输入较大的变化。焊缝经过焊后热处理,以 2℃/min 的速度加热至 760℃,保温 3h,随后对焊缝进行表征。从宏观组织中可以看出,在所有热输入条件下,焊缝无任何缺陷(图 5.8)。

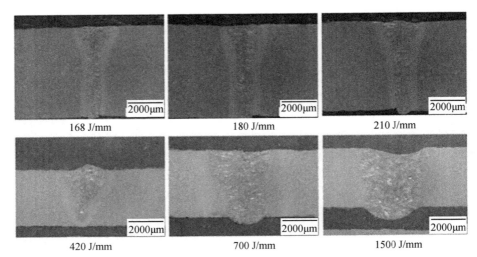

图 5.8　6mm 厚 9Cr－1Mo 钢板激光焊缝横截面宏观图

(4)马氏体时效钢。马氏体时效钢是强度高、韧性好的铁镍合金,一般具有良好的焊接性。但是两相区域(奥氏体＋铁素体)内,将相对较小体积的金属加热到最高温度时会形成暗带。在这个区域的加热可以导致奥氏体的稳定化,称为回转奥氏体,在老化过程中不会硬化。因此,为了获得较薄的暗带,需要输入较少的热量,即需要控制热量输入,以尽量减少暗带。在这种情况下,激光焊接是这类钢首选焊接工艺。使用 CW Slab CO_2 激光器(高斯和圆环分布)和脉冲Nd∶YAG 激光器搭接焊接退火状态下 0.8～0.8mm 的 MDN 250 钢板,其接头性能良好。在大部分参数下可实现全穿透搭接焊接。焊缝的宏观结构如图5.9 所示,焊缝无缺陷。

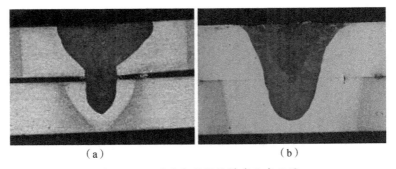

(a)　　　　　　　　　　(b)

图 5.9　不同激光器焊缝横截面宏观图

(a)采用 CW CO_2 激光器,激光功率 2kW,焊接速度 2.3m/min;(b)采用Nd∶YAG 激光器,激光平均功率 300W,峰值功率 2kW,焊接速度 0.26m/min。

5.7.2 铝合金

对于激光焊接,铝及其合金具有一定的特性,如对激光反射率高,热导率高(在焊缝中热量难以集中),在熔融状态下的黏度低(产生不稳定的熔池),含有易挥发元素,元素的损失导致焊接强度低,也增加了匙孔的压力。因此,不稳定的匙孔交替地产生熔池坍塌和熔化金属喷发,导致飞溅,气孔和焊接强度较低。上述因素可解释如下:由于高反射率和热传导性,铝合金比铁基合金更难焊接。激光能量要么被材料反射掉,要么从要焊接的区域传导到大块金属中。这就需要使用更高的功率。铝与激光束耦合只发生在一个特定的功率密度阈值下,通常大于 $10^6 W/cm^2$,主要是远红外 CO_2 激光束。图 5.10 显示了在铝合金中导致小孔不稳定的一系列原因和小孔不稳定导致的一系列焊缝缺陷。铝合金激光焊接过程中的相关问题已有解决方案,如双点焊可得到稳定性更高的焊接小孔、防止凝固裂纹的脉冲整形、激光复合焊方法和通过添加焊丝使合金元素的损失得到补偿、磁力搅拌减少孔隙率等。因此,通过适当的工艺优化,激光焊接具有一定的优势,如焊接速度快、熔合区和热影响区小、变形小等。

图 5.10 匙孔不稳定在铝合金中形成的典型缺陷

5.7.3 钛合金

钛合金因其优异的比强度、蠕变性能、断裂韧性和耐腐蚀性能而得到广泛应用。然而,由于钛的活性强,特别是在高温下,会与大多数元素(如氧、氢、氮等)发生强烈反应并脆化。因此,要求完善的保护措施,通常电子束焊接是首选,因为它是在真空中进行的。目前,有研究表明,该合金只需简单的保护装置即可进行激光焊接(图 5.11)。在使用保护装置的情况下,焊缝表面没有观察到裂纹。金属的熔化行为是可以预测的,不会出现任何焊接缺陷。

图 5.11 用于激光焊接的标准保护装置和 Ti-6Al-4V 合金典型的焊缝表面

5.7.4 镍基合金

固溶合金（如 IN600）易于激光焊接，沉淀硬化合金（如 IN718）在热处理状态下焊接容易产生焊接裂纹，通过减少热量的输入，可以减少裂纹倾向。激光焊接可满足这一要求。Nd：YAG 激光焊接 IN718（经固溶处理的 2mm 厚的板材）与 TIG 焊接的微观结构相比较，显示出较少的 Laves 相。另外，焊后在 980℃固溶可以使 Laves 相大量溶解，但不能完全消除，这可能是由于激光焊接得到的细小离散的颗粒形态和较低的 Nb 浓度造成的。在热影响区也没有观察到微裂缝，这可能是由于焊接金属经过固溶处理而不是时效处理造成的。总体而言，激光焊接可获得相当良好的接头性能。

5.7.5 异种材料

异种材料连接面临两大挑战：一是由于热物理性能差异导致融合不均匀；二是由于基体材料中的元素不溶解导致有害相的形成。就融合区的金属间化合物相的形成而言，可以通过使用低激光热输入及高焊接速度获得高的冷却速度。通过这种方法，可以减少金属间相的形成，甚至可以控制颗粒的形状和大小。因此，可以减少金属间相对焊缝的影响。第三种方法是通过使用第三种材料作为连接材料间的中间层。中间层材料必须谨慎选择，以此来控制脆性相的形成。此外，中间层不应与任何基材形成新的有害相。激光钎焊中，只是填充材料熔化并沉积。

5.8 激光焊接的局限性

值得注意的是，激光焊接也具有一定的局限性，如高硬度材料的焊缝脆性、由于某些元素蒸发形成气孔和咬边、设备费用和运行费用高、接头装配要求严格、光束和接头调整要求精准、对保护眼睛的安全要求等。在这种情况下，如果只有激光焊接才能满足这些要求，或者使用激光焊接可以使特定应用成本更低，那么，就会选择激光焊接作为特定应用的连接工艺。因此，在以下章节中对一些常见的激光焊接应用做了简要的介绍。

5.9 激光焊接过程控制方法

由于激光焊接工艺的特性，激光焊接通常容易产生一定的缺陷。欧洲标准 EN ISO 13919 中列举了激光焊缝出现的缺陷种类。表 5.2 列出了这些缺陷及形成的主要原因。

上述问题可以通过更好地管理边缘间隙,监测孔内等离子体、熔池行为和焊缝成型来解决。在焊接区前通过使用合适的焊缝跟踪方法进行边缘间隙管理,匙孔行为可以通过焊缝区等离子体监测系统进行监测,通过缝外观视觉记录方法观察焊缝的几何形状。

表 5.2 激光焊接中常见缺陷及产生缺陷的主要原因

原因	缺陷					
	不完全填充凹槽	气孔	锥孔	未完全融合	未熔透	裂纹
间隙宽度	√	—	√	√	—	—
错位	√	—	—	√	—	√
匙孔不稳定	—	√	—	√	—	—
由于功率、聚焦平面和焊接速度的改变导致的功率密度变化	√	—	—	√	√	—
污染物,如油、油脂	—	√	—	—	—	—

5.9.1 焊缝跟踪

激光焊接中使用的光斑尺寸非常小,对接焊接头需要工件配合精度高。工件的边缘精确配合,才能使光束不会偏离焊缝。如果间隙的宽度较宽,熔融金属可能会不足以填充凹槽,造成如锥孔和不完全熔合等缺陷。在传统的焊接方法中,使用机械式焊缝跟踪,即在焊缝区前端对边缘进行机械感应,精度高达 0.25mm。但是这对激光焊接是不足够的,因为激光焊使用的光斑直径为 0.15~0.4mm,其具体范围取决于光束模式、聚焦光学系统和可用功率。因此,基于激光的焊缝跟踪更适合激光焊接。

激光焊缝跟踪中,通过激光点或线或多线横跨焊缝边缘,定位和测量接头的位置,由 CCD/CMOS 传感器将捕获的数据发送到控制器,估计接头的位置和边缘之间间隙,并将反馈信号输送给焊接头机械装置,使其在间隙中横向调整并对焊缝位置进行定位。焊缝跟踪原理示意图如图 5.12 所示。

该系统的精度取决于成像系统、处理速度和由控制器生成的反馈信号的精确性。如今,非常精确的焊缝跟踪系统可用于数控机床以及机器人。基对于焊缝跟踪的机器人,提出了多传感器的概念,多传感器除了用于测量焊缝位置,也用于测量加工头与工件之间的相对位移量,使自引导加工成为可能。该系统具有独立的运动系统,因而,精度高,并且避免了传感器校核及机器人示教过程。

5.9.2 焊接监测系统

激光焊接过程中,激光与材料相互作用的能量以光学和声学形式释放,可通过适当的传感器进行检测,并利用反馈信息启动控制回路或记录事件,以便进

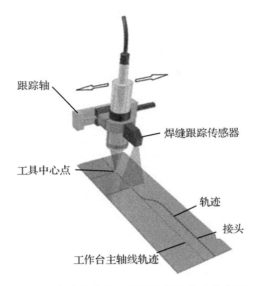

图 5.12 典型基于激光的焊缝跟踪技术示意图

行质量控制。图 5.13 总结了在激光焊接过程中这种传感的可能性。在 Nd：YAG 激光焊接过程中会发射可见光和红外辐射,而 CO_2 激光焊接产生的等离子体发射波长介于 190～400nm 的光。飞溅时发射的光波长在 1000～1600nm 范围内。声发射源于金属蒸气表面,应力波来自工件。同样,光学传感技术也可通过图像处理获取有关锁孔和熔池的几何与热特性的信息。

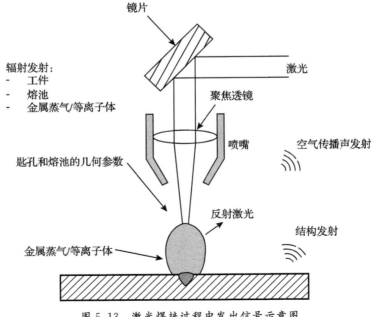

图 5.13 激光焊接过程中发出信号示意图

5.9.3 伺服送丝补偿焊缝间隙

有时只是精确定位激光束不足以得到一个合格的焊缝。当间隙较大时,尽管光束定位精确,但可能没有足够的熔融金属填充接头。在这种情况下,可以采用填充焊丝来提供焊缝所需额外的熔融金属。这些填充金属添加方法在工业中也有应用,方法是在焊点前方获取间隙宽度数据,并将反馈信息发送给控制器,由控制器启动送丝机。

5.10 激光焊接的创新

对传统的锁孔激光焊接进行了一些创新性改进,有时是为了克服边缘桥接、硬焊区等限制,有时是为了充分利用现有的激光束。下面介绍的一些技术将在这些方面有所突破。

5.10.1 激光复合焊接

在激光复合焊程中,熔化极气体保护焊(GMAW)、钨极氩弧焊(GTAW)或等离子弧焊接(PAW)都可以与激光结合使用。但是由于 GMAW 优异的边缘桥接能力,激光焊-GMAW 是目前最流行的复合焊接工艺。激光复合焊接工艺原理如图 5.14 所示,复合焊的优势相当明显。然而,由于这两个过程在技术上存在很大差异,建立工艺窗口以获得一致的结果需要控制大量的参数,复合焊接过程的复杂性显著增加。根据应用的不同,激光源可以是 Nd:YAG、CO_2、盘式或光纤激光器。Nd:YAG 和 CO_2 激光混合焊接已得到广泛研究。目前,有研究小组正在研究使用盘式激光器或光纤激光器的混合焊接工艺。Nd:YAG 激光器能

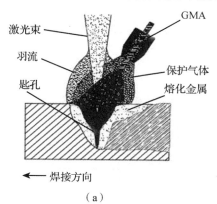
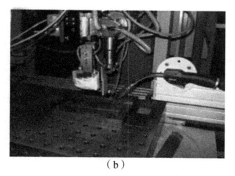

图 5.14 激光-GMAW 混合焊

(a)示意图;(b)激光束与气体保护焊接装置。

产生高质量的光束,但由于高功率下的热透效应,只能在 1kW 以下的低功率范围内产生良好的焊接深度。因此,混合激光 Nd∶YAG-GMAW 更适用于薄板焊接,并已广泛应用于汽车行业。另一方面,CO_2 激光器具有高功率特性,CO_2 激光与 GMAW 的复合焊在厚板焊接时具有显著的优势。通过分析各工艺参数的影响,研究了 12mm 厚的低碳钢板 CO_2 激光-GMAW 复合焊接过程的稳定性。激光复合焊接如图 5.15 所示。从图中可以看出,MIG 焊和激光焊两个过程复合后获得较高的熔深和熔宽,将两种焊接方式的优点接合在一起。

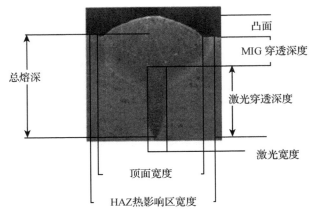

图 5.15 典型激光-MIG 混合焊焊缝横截面宏观图

5.10.2 感应辅助激光焊接

激光焊接过程中高冷却速率会导致熔合区中的高残余拉应力和硬度。在中碳钢或碳含量大于 0.2% 的低合金钢中,高硬度及高拉伸应力会导致焊缝开裂。这种开裂倾向通常限制了激光焊接低碳钢以外的钢材。使用感应线圈预热材料可降低临界温度(150~650℃)的温度梯度和冷却速度,从而减少开裂倾向。使用这样的复合焊接工艺能在不降低焊接质量的情况下有效提高生产效率。感应辅助激光焊接已成功应用于汽车传动轴的焊接(图 5.16)。

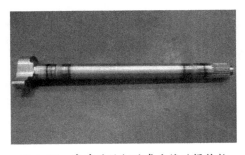

图 5.16 高淬透性钢的感应辅助焊接轴

5.10.3 飞行焊接

飞行焊接是通过扫描镜将光束聚焦于 1m 以外的位置,高速移动扫描镜使得聚焦光束在一个平面上移动,实现飞行焊接。装置示意图如图 5.17 所示。激光束通过远距离不同位置的振镜来聚焦在指定的位置形成焊缝,并按照特定的焊接顺序最大幅度地减少焊接变形。采用这种技术可以有效地焊接换热器管子的端板。主要的优势是:激光焊接点的定位速度极快,镜面聚焦光学元件的焦距长,可提供足够的功率密度和高质量的激光束。镜面位置的微小偏差都会导致长路径。使用一个或两个振镜进行定位,可以提高扫描焊接的速度。但是,它在加工区域大小方面有一定的局限性。

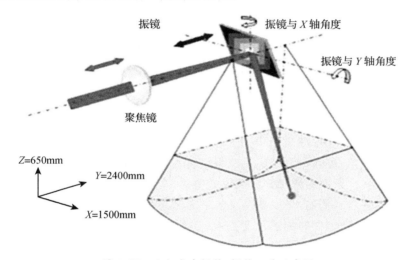

图 5.17 飞行激光焊接:焊接工艺示意图

5.10.4 双光束焊接

在这双光束焊接过程中,两个光束以不同方式定位并用于焊接,即串联、并排或对角甚至重叠。它们可以是来自两个不同光源的光束或一个光束分成的两束。并排分布的光束对工件装配的适应性更高。串联激光束可最大限度地提高焊接速度且不产生驼峰,同时降低冷却速率、硬度和减少扫焊接缺陷(铝合金中通过提高小孔的稳定性)。这种双光束有利于焊接不同厚度的材料,因为它能在两个待焊接部件之间适当地分散激光能量。

5.11 激光钎焊

与激光焊接相比,激光钎焊较是一种比较新的焊接方法。20 世纪 90 年代末,激光钎焊开始应用于汽车行业,用于连接镀锌钢板。这一过程中,钎料在激光束作用下熔化,熔化的填充材料填充在预定的位置/间隙并填满焊缝。钎料在工件表面润湿并在焊缝处凝固形成接头。典型的激光钎焊装置示意图如图 5.18 所示。接头性能很大程度上取决于钎料对表面的润湿性和在界面形成的冶金结合的性质。润湿性取决于加工区的温度梯度、工件的表面自由能和冶金相形成的自由能。影响接头毛细作用的因素包括熔融金属的黏度和密度以及接合处的几何形状。

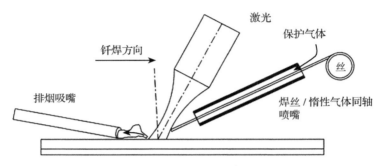

图 5.18 典型的激光钎焊装置示意图

激光钎焊过程中,细激光束用于熔化焊料和形成接头。因此,这是一个清洁的非接触工艺,可以非常精确地控制热输入,与其他焊接方法相比,它可以焊接更小的组件。典型的激光钎焊装置如图 5.19(a)所示。激光钎焊工艺克服了其他技术的缺点。例如,烙铁焊接工艺中的污染,机械强度低,频繁清洗和更换烙铁头;微火焰钎焊中的加热不受控制;感应钎焊中感应加热系统的复杂性和空间要求。二极管激光器、Nd:YAG 激光器和光纤激光器可用于激光钎焊。根据接头尺寸和钎焊材料,所需的激光功率范围为 10~100W;根据钎焊时间的要求,激光器需切换开启和关闭,一般频率为 1Hz。

激光焊接被广泛用于表面贴装元件焊接到 PC 板上,非常适合球栅阵列(BGA)的焊接(图 5.19(b))。二极管激光器钎焊系统中通常可实现 0.5~1mm

(a) (b)

图 5.19 激光钎焊

(a)装置示意图;(b)激光钎焊电路板上的表面贴装元件。

的光斑尺寸进行局部加热,而且可以精确控制输出能量。

5.12 非金属材料的激光焊接

5.12.1 塑料焊接

塑料的激光焊接是通过透射焊接进行的。要焊接的塑料对于激光束来说,一边是可透过激光束的半透明塑料,另一边可吸收激光束能量的材料。当激光透过半透明侧时,能量在半透明和吸收能量的塑料之间的界面上被吸收,形成焊接。因此,这个工艺称为激光透射焊接。传统塑料连接方法有超声波焊接、振动焊接、热烙铁焊接。不同于超声波焊接,激光焊接不受软/硬塑料组合或零件尺寸大小的限制。目前已开发出用于容器、电子外壳、汽车零件和铝箔焊接的生产解决方案。最近,克服了至少有一个部件具有吸收性才能焊接塑料的限制,如图 5.20 所示。这是通过选择合适的波长(1700nm)来实现的,该方法已成功地应用于速度计的外壳体和盖子的焊接。在此波长下进行焊接不会产生任何火花或飞溅,而在其他的波长下会被观察到。

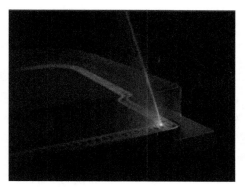

图 5.20　采用波长约 1700nm 的激光束连接的透明塑料

5.12.2 激光对金属和塑料的连接

金属与塑料的连接通常采用黏接或机械连接。黏接有一定的缺点,如黏接周期较长、剥离强度弱、黏合剂的寿命较短及排放有害气体。机械连接也有一定的局限性,如设计的灵活性低,对密封性有额外要求等。激光辅助金属和塑料连接(LAMP)是最近开发一种连接工艺,克服了上述缺点。在 LAMP 的连接过程中,金属和塑料搭接放置,在透明的塑料上进行激光扫描(图 5.21)。激光加热金属过程中,从金属处传递的热使接头界面处的塑料熔化并在熔化塑料内形成气泡。如果是非透明的塑料,如 GFRP,激光加热金属一侧,将热传导到

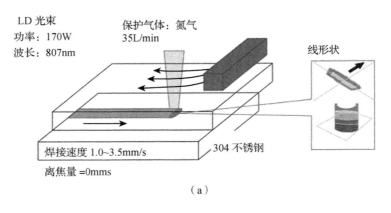

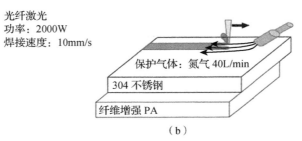

图 5.21 金属-塑料 LAMP 连接工艺示意图
(a)透明塑料;(b)非透明塑料。

界面使得塑料熔化。如果金属板较厚,则需要熔化部分金属,使其有足够的热量熔化界面附近的塑料。LAMP 连接可用于热塑性塑料与多种金属的连接。采用激光束连接聚对苯二甲酸乙二醇酯(PET)塑料和 AISI 304 不锈钢,如图 5.22 所示。宽度为 30mm 和厚度为 2mm 的 PET 片材与宽度为 30mm 和厚度为 3mm 的 304 钢板试样的拉伸剪切载荷强度为 3000N,其中 PET 基体被拉长。LAMP 连接技术适用于多种金属组合焊接,如钢、钛和铝合金,以及塑料,如 PET、聚酰胺(PA)和聚碳酸酯(PC)。由激光快速加热过程所产生的 0.5mm 或更小的气泡严重影响连接强度,因为当气泡尺寸小时,LAMP 接头强度低,当气泡的尺寸大时,LAMP 接头强度高。

由于快速的热循环,在熔化塑料中形成小气泡,从而诱导熔化塑料的高压,迫使熔融塑料到达金属表面,这就是熔融塑料与金属表面接触的机理。熔化的塑料接近金属表面并进入凹面,从而产生一种称为"锚定效应"的机械力。另外,范德华力以及塑料与金属氧化膜之间的化学键使得接合十分牢固。接头性能主要受塑料的种类和激光照射条件的影响。该工艺非常新颖,一些应用仍处于初步开发阶段。

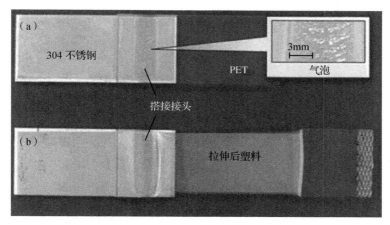

图 5.22　激光焊接 PET 塑料和 AISI 304 不锈钢接头

5.13　激光焊接和钎焊的应用

激光焊接可视为一种高速精密焊接工艺,非常适合于自动化。对于特定的应用,可以有很多连接方法,激光独有的特点使得它最适合某些应用,如汽车传动部件的焊接要求高生产率和低变形;钛起搏器外壳的焊接需要低热输入,而电子束焊会破坏起搏器内部电子元件;量身定制的汽车车身部件坯料要求焊缝窄,对成型特性的影响小,且生产率高等。

5.13.1　医疗器械

医疗设备的制造在实现高可靠性和可重复性方面是一项具有挑战性的任务。随着医疗设备越来越小,这项工作的挑战性也越来越大。直径小至 35μm 的微透镜、导管和导丝组件(通常由外径为 50.8～127μm 的镍钛或 304 不锈钢丝制成)以及植入式设备的气密密封,都是通过激光焊接制造的常见医疗设备(图 5.23)。使用脉冲 Nd∶YAG 激光焊接是最佳的解决方案,因为它易于进行点焊,有着以下几大优点:输入的热量极低;能在任何焊接点产生极佳的脉冲间稳定性;高能量效率下可以获得良好的光束质量和稳定性。

5.13.2　汽车车身

汽车车身的阻燃层是由合金板外壳(阻燃)与横梁(液压成型的部分)焊接而成的。它存在两个位置:一个是金属板材连接到液压成型的部分;另一个是液压成型件上的支架连接(图 5.24)。由于位置关系都只能从一侧焊接,所以保证激光焊接熔深的一致性很重要。采用双光束法 4kW 的 Nd∶YAG 激光器和填丝来完成这些接头的焊接。

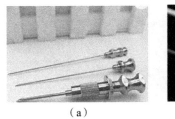
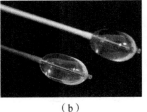

(a)   (b)

图 5.23   激光焊接的医疗设备

(a) 金属针管焊接；(b) 点焊球囊-导管。

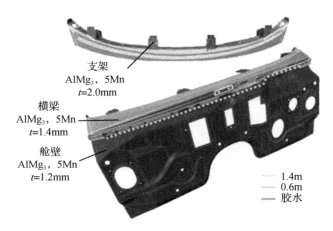

图 5.24   金属板材与液压成型的梁连接示意图

5.13.3   锂离子电池

应用范围从手机到太空飞船，锂离子电池是最受欢迎的储能设备。然而，锂离子电池有一个很大的缺点，其包装必须有高质量的密封性。因此，封装外壳的焊接工艺对这些电池的制造至关重要。典型的电池结构如图 5.25(a) 所示。锂离子电池的大小和形状不一，如图 5.25(b) 所示。焊接通常是在机器视觉系统的辅助下使用激光完成的。两个端盖与电池主体焊接在一起，达到良好的密封。焊接部分非常薄，如果不能精确地控制热输入，则光束穿过套管，使阳极/阴极受到损伤。因此，焊接工艺必须满足以下要求：良好的密封性、焊接过程中的热输入或温升最小，同时又能适应不同尺寸和形状的电池。对于激光焊，可以准确地控制功率，使焊接过程在可以熔透条件下以极低的功率开始，然后缓慢提升功率达到完全熔透的水平，在焊缝的末端以相似的方式降低功率，与功率升高段焊接区相重叠，完成焊接。此外，可以通过适当的视觉和焊缝跟踪系统来准确地跟踪焊缝，整个过程可实现自动化。

 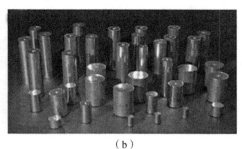

图 5.25　激光焊接锂离子电池

(a) 电池焊接各部分示意图；(b) 不同尺寸的焊接电池。

5.13.4　加强筋与机身腹板连接

采用双 CO_2 激光焊头沿加强筋的两侧实现加强筋与机身腹板的连接。图 5.26 为 16m 长的大型焊接夹具。用焊接代替铆接来实现结构轻量化。完全自动化下，铆接速度为 0.2～0.4m/min，该技术已达到饱和。激光焊接速度可以达到 6m/min，可以消除飞机蒙皮上的铆钉带和纵梁的对接端，使结构重量减少 5%。还有进一步改进所用材料和连接方式，实现更大程度的减重。该技术还可以应用于汽车等其他领域。

5.13.5　太阳能板中 Cu/Al 板与 Cu 管的焊接

太阳热能量收集系统的主要部件是真空管道和板材形式的吸收器。在板式集热器中，由铜或铝制成的平板一侧涂具有选择性吸收太阳能的涂层，以有效地收集太阳能。如图 5.27 所示，在集热板的另一侧，连接着输送导热液体的铜管。铜具有高的导热性，需要足够的功率密度才能熔化材料。当与铝结合时，

 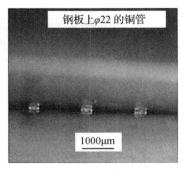

图 5.26　用于激光焊接机身蒙皮上加强肋的焊接夹具

图 5.27　太阳能集热板集热器铜板-铜管的激光焊接

存在的热膨胀差异会导致热梯度和变形。因此,焊接时需尽量减少热输入。同时,在焊接过程中,板材另一侧的吸收涂层会因焊接导致的温度上升而受损,控制热量输入是解决这一问题的关键。Nd:YAG 脉冲激光可以成功地满足这一要求。Nd:YAG 激光器可以使用合适的光学器件提供足够的激光能量,以 20°的浅角度到达焊接点。脉冲激光器可为单个脉冲提供高功率密度。通过使用高重复率,板管组件能以 9m/min 速度焊接板管组件,每个焊点间距 2mm,也可以通过调整脉冲波形进一步优化热输入。总之,成功地焊接生产这些太阳能集热板充分展现了脉冲激光焊接的优点。

5.13.6　激光复合焊接管道

石油和天然气管道的传统焊接方法是使用焊条与 GMAW 进行金属保护弧焊。由于焊缝的性质和焊接地点偏远,要焊接一个又一个的厚截面是一项相当繁琐的工作,需要大量的人力和工厂工程设计。为了提高生产率,甚至需要使用多个焊接工位。

激光-MIG 复合焊接结合了激光的穿透能力和 MIG 电弧的间隙桥接能力,成功地用于两个直径 500~700mm、壁厚 10~12mm 管子的焊接,单道焊速度高达 3m/min。焊接装置示意图如图 5.28 所示。装置包括一个 6kW 的光纤激光器和 GMAW 焊枪,随后又用 GMAW 焊枪填充焊缝。这种拖曳式焊枪的布置方式不仅有助于充分填充焊缝,还有助于对工件根部焊道进行回火。这种技术的主要优点是:提高了焊接速度,减少了焊接次数,从而提高了管道施工的效率。

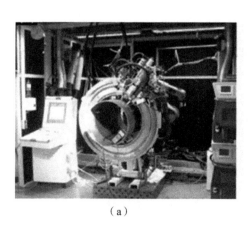
(a)

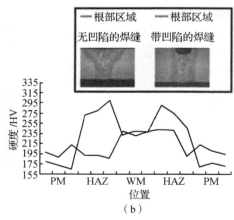
(b)

图 5.28　激光复合焊接

(a) MIG 焊装置;(b) 有无凹陷的焊缝横截面宏观图和硬度分布。

参考文献

[1] MIN K H, SHIN Y C. Prospects of laser welding technology in the automotive industry: a review [J]. Journal of Materials Processing Tech, 2016, 245 46 - 69.

[2] QI R J, WEI K H, LI L Y. Application of the laser welding technique in aircraft repair [J]. Advanced Materials Research, 2014, 2989 (887 - 888): 1269 - 1272.

[3] KATAYAMA S. Handbook of laser welding technologies [M]. Oxford: Woodhead publishing Limited, 2013.

[4] DWI R A, TEGUH T, NURUL M. A review porosity in aluminum welding [J]. Procedia Structural Integrity, 2021, 33:171 - 180.

[5] 吴承隆, 尹浩, 黄泽涵. GH4169镍基高温合金脉冲激光焊工艺参数优化[J]. 工具技术, 2020, 54 (10): 38 - 42.

[6] JIN J, LU Q, ZHANG P. Research on microstructure and fatigue properties of vibration - assisted 5052 Aluminum alloy laser welded joints [J]. Journal of Materials Engineering and Performance, 2020, 29(7):4197 - 4205.

[7] AUWAL S, RAMESH S, TAN C. Recent developments and challenges in welding of magnesium to titanium alloys [J]. Advances in Materials Research, 2019, 8(1): 47 - 73.

[8] 魏文锋. 基于激光视觉焊缝跟踪技术的工业机器人焊接智能产线的设计[J]. 科技创新与应用, 2020 (24): 84 - 85.

[9] 王邦国. 薄板激光拼焊视觉检测系统标定方法研究[J]. 机械设计与制造, 2015 (8): 117 - 120.

[10] ZOU J, GUO S, WANG L. Characterization of different light intensity areas for plasma induced during fiber laser - arc hybrid welding [J]. Journal of Laser Applications, 2020, 32 (3): 032022.

[11] GAO Y D, ZHANG Y, XU Y. The butt of CP - Ti/304 stainless steel and CP - Ti/T2 bimetallic sheets using laser - induction heating welding technology [J]. Materials Letters, 2022, 307:131054

[12] 赵燕春, 张培磊, 顾俊杰. 双束激光焊接的研究现状[J]. 材料导报, 2018, 32(1): 345 - 349.

[13] NARSIMHA C, SHARIFF S, PAL S. Influence of joint configuration on mechanical properties of laser weld - brazed Aluminum to steel joint [J]. Materials Science Forum, 2020, 978:174 - 180.

[14] 田文文. 金属与塑料激光焊接技术研究进展[J]. 中国金属通报, 2021(1): 87 - 88.

[15] 刘泽宇, 徐腾飞, 李庆, 等. 激光焊接在锂离子电池制造的应用研究[J]. 机械设计与制造, 2020(4):161 - 163.

第6章 激光熔覆现状及应用

6.1 引　言

20世纪80年代初,随着工业高功率激光器的出现,激光熔覆被认为是表面应用新技术一个全新的领域。在过去20年中,伴随着新型激光源(如二极管激光器)的发展、光束质量的改善和功率效率的提高,激光熔覆已成为一个成熟的工业技术,用于在金属表面添加耐磨损和防腐蚀保护层以及修复高附加值的部件,激光熔覆最重要的应用领域是模具和工具制造、航空发动机和发电涡轮机部件、轴和齿轮等机械部件以及石油钻探部件。此外,新的应用领域也即将出现,如微熔覆的电子元件或原型制造乃至串联零件。本章将重点介绍激光熔覆的基本原理以及对组织和性能的影响,并结合具体实例介绍当前的应用领域及未来的应用前景。

6.2 激光熔覆基本原理

6.2.1 激光熔覆的优点

早期,激光熔覆采用连续CO_2激光器,因为这些激光器是第一批具有高功率输出的激光源(对于激光熔覆装置高功率输出指至少为功率500W的功率输出)。近几年,新的激光源如Nd:YAG激光器、二极管激光器、盘型激光器以及最近的光纤激光器的开发保证了高功率输出,激光熔覆的研究和应用都几乎完全转向这些激光源。相比于CO_2激光器,上述激光光源的波长几乎短了10倍,因此能被金属材料更好吸收,从而覆盖了更广的应用领域。此外,激光熔覆使用Nd:YAG激光器及二极管激光器光束质量优异,CO_2激光器一般不用于激光熔覆。激光熔覆需要添加材料,这些材料要么在激光处理(如电镀、热喷涂)前预先放置在基体上,要么以粉末或线材的形式送入加工区。因为预置材料有厚度和材质的限制,并且需要额外的处理,导致成本增加,因此,现在主要使用直接激光熔覆。

(1)熔覆精度高,熔覆层宽度小于$100\mu m$,层数和体积厚度小于$100\mu m$。

(2) 工具灵活,可用于 3D 熔覆(仅适用于粉基熔覆)。
(3) 使敏感材料氧化最小化,如钛。
(4) 单层厚度为 0.1~2mm,较厚的层可通过多层熔覆实现。
(5) 热输入减小,热影响区(HAZ)小和总体积的失真低。
(6) 适用于所有金属材料和金属基复合材料。
(7) 自动化前景可观。

6.3 激光熔覆工艺原理

6.3.1 激光熔覆基础

任何种类的激光熔覆过程中的主要物理基础是激光辐射的吸收、热传导、熔池运动、快速凝固。下面将对熔池运动和快速凝固进行详细说明。

1) 熔池运动

当材料因吸收了激光辐射而熔化时,会产生对流(前提是熔池未被固体氧化物层覆盖),对流取决于熔池表面上的温度梯度。假设激光束中心的能量分布最高,由于熔池的中心温度比边缘处高(图 6.1(a)),因此温度梯度呈径向分布。因为表面张力 σ 与温度有关,因此,温度梯度会导致表面张力梯度。y 方向上 σ 的梯度(图 6.1)可以写为

$$\frac{\partial \sigma}{\partial y} = \frac{\partial \sigma \times \partial T}{\partial T \times \partial y}$$

当 $d\sigma/dT < 0$,会形成一个张力场,熔池中心张力低,而边缘处张力高。这种梯度导致从中心到边缘的熔体流动。在液体/固体界面,材料流向下。在熔池的中心,材料流再次上升到表面。材料流和热膨胀使熔池(图 6.1(b))变形。通过表面张力梯度驱动的对流称为马兰哥尼对流。流速在每秒几米的范围内比激光重熔的速度(0.005~0.05m/s)高 2 个或 3 个数量级。马兰哥尼对流的条件是在熔池的自由表面进行。固体层(如氧化物层)可以防止对流的形成,因此,熔池的保护在这方面具有重要意义。

2) 快速凝固

金属的凝固形态可以是平面晶、胞状晶或树枝晶(图 6.2)。当熔化金属的实际温度高于材料的液相线温度时,会发生平面状的凝固。如果该平面凝固随机隆起,该隆起会生长到温度更高的区域从而使隆起破裂。平面状凝固的意义在于单晶生长,它要求金属具有高纯度或高的温度梯度或快的凝固速度,如果金属中含有的杂质或合金元素,过冷就会起重要作用。激光熔覆的过冷需要在凝固前沿有浓度梯度。在这些条件下,凝固前沿的熔体在凝固过程中会富集杂

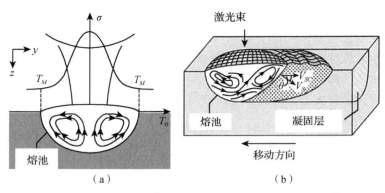

图 6.1 激光重熔过程中,当 $d\sigma/dT<0$ 时,熔池对流的示意图
(a)熔池截面图;(b)熔池的纵剖面图。

质和合金元素。随着固体/液体界面距离的减小,液体浓度降低,液相线温度 T 将增加。当熔池中实际温度分布的梯度小于液相中的温度梯度时产生成分过冷。当随机扰动成长为过冷熔体时,平面凝固就会被打破而发生树枝状凝固。生长形态可以是胞状或树枝状。当晶体生长没有形成二次枝晶时,会形成胞状结构。如果形成二次甚至三次枝晶时,称为树枝状结构。其形态主要取决于凝固速率 R。

图 6.2 显示了温度梯度 G 与凝固速率 v_s 之间的关系。胞状生长和树枝状生长的界限取决于成分过冷和绝对稳定性,绝对稳定性的特征是由凝固速率导致平面状凝固,与温度梯度无关。激光熔覆过程中产生的熔池的宽度通常为 0.1~4mm,熔池深度在 0.1~2mm 的范围内。因此,与工件的整个体积相比,熔池的体积很小。当激光光束移动或停止时,热量迅速流进冷的块体中(自淬火)。熔体凝固的冷却速率很高(10^2~10^6K/s),这取决于工艺参数、材料的热物理特性和工件的几何形状。冷却速率高达 10^4K/s 时,产生比传统铸造更精

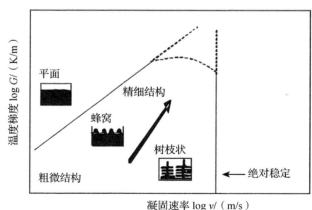

图 6.2 凝固形态的示意图

细的胞状或树枝状凝固。亚稳相的形成取决于材料,对于某些合金甚至可以实现非晶凝固。

激光表面熔覆对晶粒细化和铝合金 AlSi10Mg 的均质化的效果如图 6.3 所示。可以发现,晶粒细化的程度随着扫描速度增加而增大。快速冷却会产生非常细小的 Si 沉淀相,这将导致硬度增加,晶粒细化和硬度的增加可以提高耐磨性以及耐蚀性。

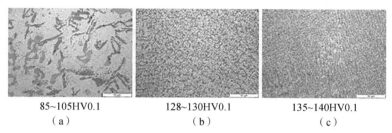

85~105HV0.1　　　128~130HV0.1　　　135~140HV0.1
　　(a)　　　　　　　　(b)　　　　　　　　(c)

图 6.3　激光重熔处理后的合金 AlSi10Mg 晶粒细化,$P=1\text{kW}, d_L=1\text{mm}$
(a)母材;(b)$v_v=0.5\text{m/min}$;(c)$v_v=5\text{m/min}$。

6.3.2　激光熔覆工艺原理及对材料的要求

激光熔覆涉及添加材料的熔化和基体中薄层(图 6.4)的熔化。添加材料与基体之间需要稀释,以形成冶金结合。但是,此区域应该尽可能小(图 6.4),以减少涂层的污染(掺杂基体元素),从而保持该涂层的性能。

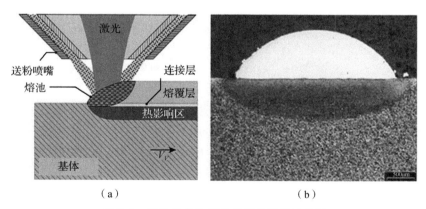

(a)　　　　　　　　　　　(b)

图 6.4　同轴粉末注射激光熔覆过程示意图
(a)在钢基体上(Stellite 21);(b)激光熔覆层的横截面。

另外,热影响区(HAZ,一般深度为 100~1000μm,如图 6.4 所示)形成。根据材料的不同,热影响区的时间-温度分布不同会导致微观结构的变化(如硬化钢的硬化或软化)。添加材料既可以预涂到基体也可以直接送入相互作用区域。预涂,如通过喷镀或电镀沉积,仅限于某些材料和简单的几何形状。此外,两个涂覆工艺的成本高,因此,在工业上很少使用。更灵活和有效的方法是直接在相互作用区放添加材料,该添加材料可以是粉末、金属丝或黏合剂和粉末的一种黏性混合物(悬浮液或糊状物)。粉剂对材料的多样性和工艺的灵活性(如用于 3D 熔覆)是有利的,因此,在工业应用中使用较多。粉末要求粒度为 20~150μm(微包层需要更小的颗粒,见 6.1 节),这也是其他涂层技术的典型特征。粉末流动性是另一个重要特征,由于激光熔覆需要粉末在低值下及非常稳定的进料速率(典型是几克/min)下进行。因此,球状粉末是最有利的,但块状形式也可以。总之,对于大多数应用没有必要使用特定的激光熔覆粉末。应用于其他涂层技术或者热喷涂的粉末和选料设备几乎都可以用于激光熔覆。

6.3.3 送粉工艺分类

送粉是激光熔覆的关键因素。粉末气体流的质量决定了粉末的效率和熔池的保护。粉末注射有 3 种不同的方式(图 6.5):侧向粉末注射(单一粉末气流侧向送进激光束);连续同轴粉末注射(粉气流包围激光束);间断同轴粉末注射(3 个或 3 个以上的粉末的气流被同轴供给到激光束)。

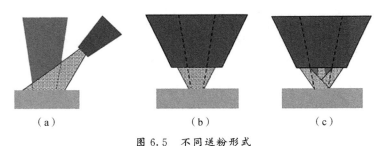

(a) (b) (c)

图 6.5 不同送粉形式

(a)侧向注射;(b)连续同轴注射;(c)间断同轴注射。

1)侧向送粉

侧向粉末喷射时,喷嘴位置位于激光束侧向。喷嘴位置由喷嘴和工件之间的角度(典型值为 $\alpha = 45° \sim 70°$)和喷嘴和工件之间的距离(典型值 $L = 8 \sim 15mm$)来确定。由弗劳恩霍夫 ILT 设计的喷嘴和粉末气流如图 6.6(a)所示。因为侧向粉末注射的效率取决于进料方向,所以不适合 3D 熔覆。有拖动角度的反向熔覆(颗粒的流动方向与工件的移动方向是相同的)和有推动角度的正向熔覆(颗粒的流动方向与工件的移动方向是相反的)导致不同的送粉效率,从而形成不同的涂层厚度。侧向注射对难以到达(如槽)的区域或者旋转对称的区域有利于涂覆,它可以在一个方向上进行涂覆。侧向喷嘴的宽度可以小到 2~3mm。对于需要 0.5~5mm 宽度的待涂覆焊道,开口圆形横截面的直径是 1.5~3.5mm 就足够(图 6.6(b))。对于更宽的焊道(5~25mm),则需要开口矩形横截面(1.5×15mm^2,图 6.6(c))。由于喷嘴靠近熔池且暴露于激光束的

第 6 章 激光熔覆现状及应用

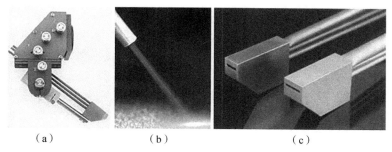

(a)　　　　　　　(b)　　　　　　　(c)

图 6.6　侧向送粉喷嘴(a)、粉体气流(b)和具有矩形设计的侧向喷嘴(c)

反射中,因此,喷嘴需要水冷来确保长期运行以防止其被损坏。

2) 连续同轴送粉

在连续的同轴粉末注射中(以下称为"同轴粉末注射"),粉末流呈锥体状包围激光束。图 6.7 显示了一个同轴送粉喷嘴。为保证长期运行,喷嘴主要采用水冷。锥体粉末流产生过程如下:粉末进料装置的粉末流被等分成 3 条送入喷嘴内部的环形膨胀室,在此腔室中形成均匀"粉末云",然后被送入一个锥形缝隙,该粉末以中空圆锥体形式离开喷嘴,粉末流焦点的直径配合工件上的激光束区域。通过控制诸如粒径、气体流速和粉末质量流量这些工艺参数,可以实现直径低于 500μm 的粉末流径,从而达到非常高的效率(高达 90%)。

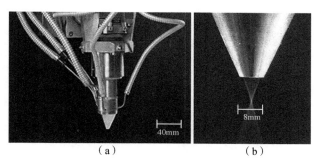

(a)　　　　　　　(b)

图 6.7　安装在激光上的连续同轴送粉喷嘴(a)和粉气流(b)

同轴粉末注射相比非同轴的主要优点是对于 3D 涂覆的应用潜力。但是喷嘴的倾斜受到限制。由于锥体粉末流的均匀性取决于喷嘴中膨胀室内的粉末分布,当喷嘴倾斜时重力就会影响粉末流。实验表明,当倾斜角小于 20°,对涂覆层的几何形状和质量不会产生显著影响。

3) 间断同轴送粉

在间断同轴粉末注射中,几个独立的粉末流分布在激光束周围,形成了粉末流焦点。图 6.8 显示了 3 个独立的粉末流喷嘴(以下称为"三向喷嘴")。粉末流焦点直径取决于各个粉末流之间的角度、喷嘴孔的直径、喷嘴尖端和粉末流焦点之间的距离、粉末进料速率和粒径。三向喷嘴的主要优点是对于 3D 涂覆的应用潜力,具有倾斜喷嘴到180°的潜力。对于反应性材料,附加罩可用于防止熔池的氧化,如图6.9所示。上面所示的粉末供给喷嘴适用于典型焦距为150～300mm的标准激光束元件。然而,内部区域激光熔覆因为其加工区域被限制在大约100mm内而不能用常规加工头完成。对于直径较小的微型头,则需要集成光学器件和粉状送进喷嘴。图6.10表示了适合于内部直径大于50mm、深度达到500mm的加工头。该加工头是为功率为2kW的二极管激光

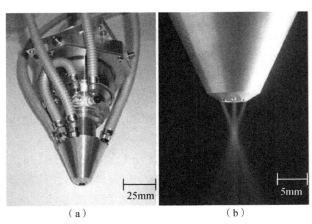

图6.8 间断式(三向)粉末喷射喷嘴(a)和粉末气体流(b)

图6.9 激光熔覆防止氧化的附加护罩形式
(a)离轴护罩;(b)同轴罩。

图6.10 具有集成光学和粉末供给喷嘴内包层(a)与包层过程(b)

器设计的。表 6.1 总结了不同送粉喷嘴的具体应用领域。

表 6.1 送粉喷嘴不同的应用领域

送粉喷嘴	领域和应用实例
侧向送粉喷嘴	2D涂覆,优先用于旋转对称部件和难以到达的区域,如曲轴轴承、阀门、活塞螺母
同轴送粉喷嘴	2D和3D涂覆,优先用于敏感材料的高精度涂覆,如维修各类汽轮机零件(密封件、机翼技巧、外壳等),注塑工具的修理或改质
三路粉末喷嘴	2D和3D涂层,优先用于厚的涂层(高激光功率),如成型和铸造工具的维修或改质
内部熔覆头	内部区域的2D涂覆($d>25mm$),如海上钻井设备轴承的耐磨性

6.4 激光熔覆材料

6.4.1 材料分类

所有金属基材料都适用于激光熔覆(LC),如纯金属(如银、金用于电接触,锌用于腐蚀保护)、合金(如 Co-、Ni-、Ti-和 Fe-基合金的磨损保护与修复)和硬质金属(如 WC/镍的磨损保护)。材料选择如表 6.2 所列。

表 6.2 激光熔覆在不同材料上的应用

激光熔敷材料	所用金属和合金	功能	应用
纯金属	Au,Ag,Zn	电触点,防腐蚀	燃料电池,电气开关,板材的边缘保护
Co基合金	Stellite 21,Stellite 6	磨损保护,修复	柴油发动机零部件,轴承
Ni基合金	NiCrBSi基合金,超镍合金	磨损保护,修复	轴承,涡轮叶片的维修
Fe基合金	高合金热/冷加工钢(X38CrMoV5-1) PM钢(CPM420V) 不锈钢(316L)	磨损和防腐蚀保护,修复	机械配件,成型工具模具,锻造工具,轴承
Al基合金	铝硅合金(AlSi20,AlSi10Mg)	抗磨保护	汽车镁合金零件
Ti基合金	TiAl6V4,Ti6242	修复	涡轮叶片和外壳
硬质金属	WC/Ni(60/40),WC/Co	抗磨保护	轴承,滚子

在激光熔覆之前或在激光熔覆过程中甚至会产生新的物质。所以在熔覆前,不同粉末材料可以在混合器或球磨中混合。在熔覆过程中通过同时加入两种成分可形成新合金。

6.4.2 熔覆层微观结构

激光熔覆是一个熔化过程,相对于传统铸造而言,其所得到的微观结构始终是一个铸造结构。晶粒或树枝状结构的尺寸要小得多。最常见的是树枝状结构,如图 6.11(a)所示 。同时也可能产生等轴晶(图 6.11(b))。在高合金材料中,可以凝固产生硬质沉淀分散的微观组织(图 6.11(c))。这样的结构也可以通过混合金属粉末和高熔点材料(碳化物、氮化物、硼化物,如图 6.11(d)所示)制备。其形态和相组成主要取决于凝固参数(由工艺参数,如激光功率和速度确定)和材料的化学组成。

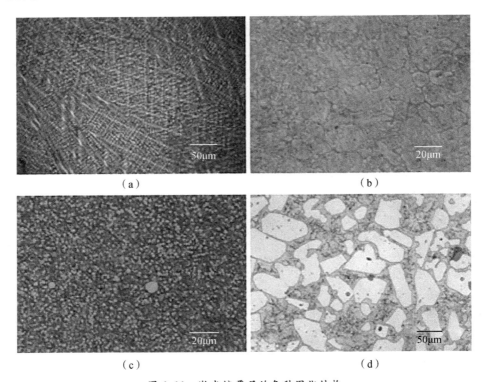

图 6.11　激光熔覆层的各种固化结构
(a)Stellite 21 的树枝状结构;(b)X100CrMoV5-1 高合金钢的蜂窝状结构;(c)马氏体基体原发生凝固碳化钒(FeCrV);(d)嵌 TiB2 粒子 TiAl 合金的分散结构。

6.5　激光熔覆的应用

现阶段,直接激光熔覆最重要的应用是维修和高价值部件的改良,如模具、工具或涡轮机和发动机部件。磨损和防腐蚀保护激光覆层的领域仅用于特殊部件和小批量的生产,如石油钻探组件、大型柴油发动机的部件。相比其他熔覆技术,该技术在大批量生产中的成本仍然过高。下面是一些实际应用:

1)模具的维修

直接激光熔覆技术在注塑模具的修理方面已得到广泛应用,用于金属薄板模具成型也越来越多。激光熔覆可用于关键区域的修复,如不允许热输入的抛光或研磨(化学蚀刻)表面。图6.12显示了一个汽车前车灯模具磨损区域,不允许损伤抛光表面。这种类型的修复无法通过其他任何焊接技术(如TIG焊)进行。

2)模具的改质

模具一经制造出来,就难以再添加材料改变设计。最糟糕的情况是,必须制造新模具,这既耗费时间又浪费金钱。通过直接激光熔覆可以在短时间内添加缺失的材料获得净成型。模具由研磨方法精加工成最终的几何形状,并且可在生产中再次使用。图6.13展示了熔覆修复用于汽车灯壳体变形的例子。通过多层熔覆增加了几毫米厚的体积。

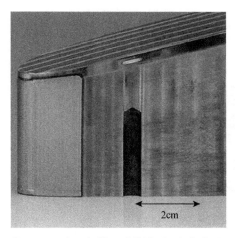

图6.12 破旧灯模具的修复区(汽车应用)

图6.13 汽车灯外壳注塑模具的修复
(材料:热作钢)

3)航空发动机的涡轮部件和发电部件的维修

我们采用TIG焊、PTA焊和热喷涂的常规技术进行涡轮机部件(密封件、外壳、涡轮叶片、叶片等)的修复。在过去几年中,直接激光熔覆已经作为一种替代技术。图6.14展示了一个用于燃气轮机的冷却板(镍基合金),熔覆层宽度为0.6mm。

4)齿轮和轴

在重型机械领域(如船舶发动机、海上钻井设备),轴、齿轮和变速箱等大型贵重部件其涂覆主要进行修复或磨损防护。图6.15显示了离心分离机的修复轴,图6.16显示了齿轮组件的LC修复过程。

5)动力装置阀门的耐磨性保护

在动力装置中,发电厂冷却回路的阀门需要承受高温(350℃)和高压(300 bar),其材料必须具备很强的耐磨和耐蚀性。其他部件中,除水管爆裂的情况下启动

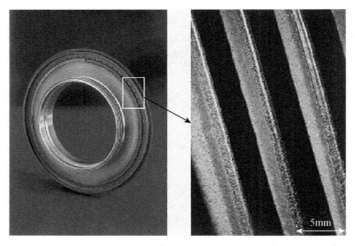

图 6.14 用于燃气轮机(镍基合金)冷却板的旋转密封件的修复

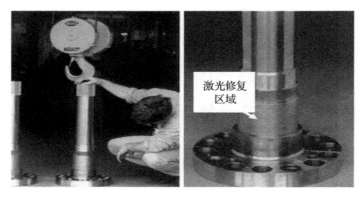

图 6.15 离心轴的修复

图 6.16 具有 LC 齿轮部件的修复

的闸阀必须用铁基合金包覆,其铁基合金由铁素体和奥氏体的双相显微结构组成,当铁素体成分是50%时性能最佳(图6.17)。

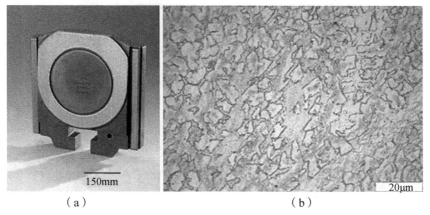

(a)　　　　　　　　　　　　(b)

图6.17　激光熔覆闸阀和具有铁氧体与奥氏体的熔覆层微观组织(Fraunhofer ILT 2005年度报告)

由于它只能通过快速冷却来实现,因此,激光熔覆优于其他的涂覆技术,用于涂覆的二极管激光器功率为2kW,涂层厚度1mm左右,将涂层加工到最后的厚度后,再进行热处理来进一步提高其硬度。这些动力装置的阀门已经在发电厂使用多年。

6.6　激光熔覆发展趋势

6.6.1　微型激光熔覆

新的连续波(CW)激光源,如纤维和盘形激光器,为生产厚度低于10μm和宽度低于100μm的激光涂层结构提供了可能性。在过去几年中,研究的主要内容是降低激光熔覆加工的尺寸。其中一项主要任务是供给晶粒尺寸在10μm范围内的涂覆粉末。由于其易于团聚而导致送粉过程中的流动性显著降低,这些粉末不能由常规的粉末供料器供给,必须进行概念创新如刷料器。此外,供给喷嘴必须进行调整,以避免在涂覆过程中堵塞,如对于侧向送粉喷嘴的内径必须远低于500μm。在医学工程、电子设备,以及新能源技术(如燃料电池、太阳能电池)领域具有潜在应用。最有价值的应用之一是在双极板上熔覆单一镀金的触点,取代全金涂覆,这将黄金的消耗量减少100倍(图6.18~图6.20)。

6.6.2　新型材料

激光熔覆也可以在涂覆过程中形成具有特定性能的新材料,如渐变涂层。

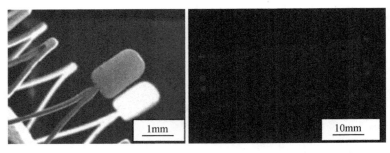

图6.18 通过在镍钛合金支架上沉积钽增加X射线的能见度

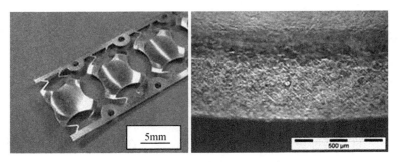

图6.19 不锈钢开关上黄金触点的选择性LC

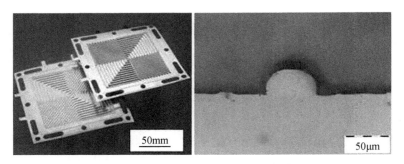

图6.20 燃料电池双极板上黄金触点的选择性LMD

图6.21(a)显示了铜基上形成连续且无缺陷的钢基梯度层的微观组织。同样，涂覆成型的刀具刀片也是其潜在应用之一（图6.21(b)）。

改变每层中添加材料的组分可形成一个由多层涂层组成的梯度层。这可用于具有不同热物理性质的材料组合,如铜和钢组合的注入工具模芯组合。铜的高热导率使散热迅速,而钢提供耐磨损性来达到其所需的使用寿命,在操作过程中减少温度梯度诱导的应力可以增加其使用寿命。另一个新的方法是用尺寸20~50nm的陶瓷纳米粒子包覆金属基复合材料。纳米粒子（如Al_2O_3、Y_2O_3）在凝固过程中充当晶核导致出现极细的微观组织,可以阻止开裂并提高延展性。与微米级颗粒相比,纳米级的颗粒对其组织的影响要大得多,而且只

第 6 章 激光熔覆现状及应用

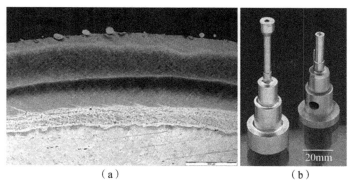

图 6.21 铜基片上的钢基梯度涂层(a)和潜在应用：注射模镶件(b)

需要添加少量微粒(体积 0.5%～2%)。

6.7 激光增材制造

激光增材制造的另一种功能在工业中已经受到越来越多的关注，十多年前，美国进行第一次尝试。现在，高效高功率激光器，改进的粉末送给喷嘴，进行离线编程的软件工具，以及用于定制和单独生产需求的增加，这些引发了新的研究活动。未来的增材制造可用于功能性原型件的制造，也可以用于形状独特和小型件的制造。图 6.22 展示了在轴上 CAD 辅助直接激光增材的发动机叶片样件。

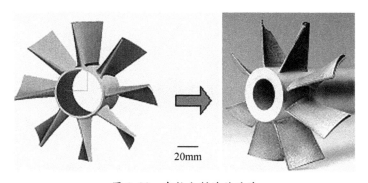

图 6.22 在轴上制造的叶片

参考文献

[1] NEVZOROV A A, MIKHALEVSKY V A, ELISEEV N N, et al. Two-stage conductivity switching of GST thin films induced by femtosecond laser radiation[J]. Optics & Laser Technology, 2023, 157: 108773.

[2] 范才河. 快速凝固与喷射成形技术[M]. 北京：机械工业出版社，2019.
[3] POPRAWE R. Lasertechnik für die fertigung[M]. Heidelberg：Springer，2004.
[4] EIMANN K，DRACH M，WISSENBACH K，et al. Lasereinsatzim werkzeug – und formenbau[J]. Proceedings Stuttgarter Lasertage，2003：25 – 26.
[5] ZHANG S Y，HAN B，ZHANG T M，et al. High – temperature solid particle erosion characteristics and damage mechanism of AlxCoCrFeNiSi high – entropy alloy coatings prepared by laser cladding[J]. Intermetallics，2023，159：107939.
[6] GASSER A，WISSENBACH K，KELBASSA I，et al. Aero engine repair[J]. Industrial Laser Solutions，2007，22(9)：15 – 20.

第7章 激光微加工现状及应用

7.1 引 言

利用激光进行微加工是其重要应用方向之一,与高功率激光加工不同,激光微加工通常只需要使用平均功率只有几瓦甚至更低的脉冲或短波长激光器。激光微加工大多基于烧蚀原理,如结构化微制造、钻孔或者精密切割等。当前,科研人员已采取新方法突破了经典光学的波长和衍射极限,利用激光进行微观尺度的快速成型(3D打印)和纳米结构制造也是其热门研究方向。本章概述了结构化的激光烧蚀、激光快速成型和纳米加工相关的激光微加工现状及未来应用。

所有基于激光加工的过程都可以用以下几个过程描述,包括材料对激光辐射能量的吸收、传递和转变以及材料与激光之间的反应。加工效果一方面取决于激光参数,另一方面取决于材料自身特性,因此,阐明激光与材料交互作用的最优关系是前提条件。对于激光微加工而言,影响最显著的是最小光斑尺寸和激光脉宽这两个参数。

为了实现小光斑,可以选择空间光束质量好的激光系统(M2接近1.0,M2定义为光束参数乘积除以衍射受限高斯光束的相应乘积,光束参数乘积为焦点半径与远场发散角的乘积),但短波长或小焦距理论上也能实现小焦斑。随着激光光源技术的发展,目前已经制造出波长位于紫外光谱范围内且光束质量优异的激光器。此外,优化空间与时间量度都能影响激光辐射密度和激光与材料之间相互作用的持续时间。脉冲激光器的平均激光功率是通过光学累积的,峰值功率更高的脉冲可以实现更大数量级的输出。脉冲持续时间范围从飞秒(fs)到毫秒(ms),这取决于激光系统与材料之间的物理相互作用。在图7.1中,根据脉冲峰值功率和脉冲持续时间对最先进的激光系统进行了分类。对于金属材料,等离子体在脉冲持续期间的逆韧致辐射吸收的情况下,脉冲持续时间在实现良好的微加工结果上起到非常重要的作用。因此,接下来将详细阐述了脉冲持续时间对加工结果的影响。在介绍不同脉冲的产生机理之后,将详细阐述短激光脉冲、极短激光脉冲与不同类型材料的反应。需注意的是短波长激光器(如准分子激光器、变频固体激光器)在微加工中也发挥着重要作用。除了减小

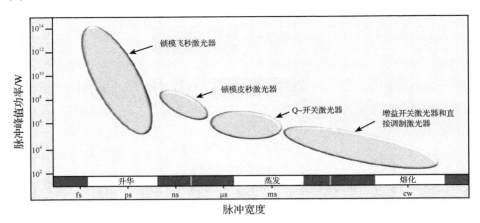

图 7.1 当前用于微纳加工的不同激光系统的脉冲峰值功率与脉冲持续时间

波长和光斑尺寸外,紫外段的高光子能量还会引发光化学反应,这样可以起到破坏一些聚合物连接键的作用,同样能引起分子部分烧蚀。

7.2 脉冲激光的产生与物质相互作用

由于激光微加工过程中激光焦点区域的高能量密度会导致材料升华,而在极短脉冲的情况下,周围材料的热扩散非常低。因此,长期以来,激光器的脉冲运行模式一直是广大科研工作者非常关注的问题。

7.2.1 增益开关

在振荡器中切换增益是产生激光脉冲最简单的方法。在增益开关中,泵浦过程由激光介质通过转换放大调制产生,泵浦开关打开之后,开始形成离子束反转。当达到反转临界值后,谐振腔中增益大于损耗时,激光开始振荡。振荡持续到泵浦过程结束或者损失增益超过了放大增益。增益开关同样可以利用激光振荡中的瞬态尖峰现象来获得更高的峰值功率脉冲。如果激光介质以极高的速度泵浦,反转总数在振荡开始前显著超过反转阈值,激光就会与张弛振荡反应,这时,就会产生尖峰。如果泵浦脉冲不仅非常快,而且在第一个尖峰产生后直接停止,则会产生一个仅由单个尖峰组成的激光脉冲。增益开关激光器有几个成熟的例子,如二极管激光器和二极管泵浦固态激光器。在二极管激光器中,电子泵浦流能随频率调节到吉赫兹的范围。二极管泵浦固体激光器同样可以在短期内产生非常高的光功率,因此也适合形成高逆转。另一种常用的增益开关气体激光器是横向激励大气压力激光器(TEA - laser)。TEA - CO_2 激光器在横向排列电极之间施加放电电压。如果电压脉冲短于 $1\mu s$,将会抑制不稳定放电,$CO_2/N_2/He$ 混合气体压将增加到 1bar。这样在脉冲宽度通常为

100μs 时,每升放电体积可产生高达 50J 的激光脉冲能量,如图 7.2 所示。

增益开关的再现性和稳定性是通过某种随机方式来实现的,这样有可能导致剧烈的脉冲波动。因此,增益开关尽管工作原理简单,但在许多高精度的应用中却存在稳定性问题。在一些精密仪器中,由于峰值功率波动较大,尖峰脉冲通常会保持在较低水平。

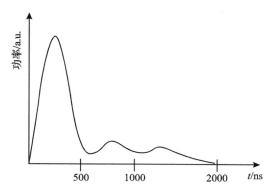

图 7.2 典型的 TEA-CO_2 激光:存在一个有长尾巴的尖峰,短尖峰中能量小于 50%,尾部主要能量持续长达 2μs 尖峰由增益开关产生,而尾部产生强活性 N_2 气

7.2.2 Q-开关

如上所述,增益开关脉冲激光器的输出通常是一串不规则的脉冲。可以通过谐振器品质因数的开关(Q-开关)来平滑这些不规则脉冲,同时提高峰值功率。Q-开关激光器在一个几纳秒的脉宽内只发射一个脉冲,而峰值功率却可以高达 10^9 W。这种技术也可用于连续泵浦激光器,从而产生一连串具有固定宽度、峰值功率和重复率的 Q-开关脉冲。和增益开关相比,Q-开关可将一个具有较低峰值功率和相对较长的泵浦脉冲转变成大几个数量级且具有较高重复性的高峰值功率的短脉冲。在 Q-开关模式中,能量在泵浦过程中以受激原子的形式储存在激光活性材料中,并在一次短脉冲中突然释放出来。这是通过改变激光谐振器的光学质量来实现的。品质因数 Q 定义为腔内储存能量与每个周期的能量损失之比。泵浦过程中,Q-开关系统中的激光束受到阻断,导致低 Q 因子,阻止了激光振荡($Q \approx 1$)。泵浦过程将大量能量储存于活性介质中之后,谐振腔中的光束路径会恢复正常,大部分储存的能量以单个短脉冲的形式释放出来($Q \gg 1$)。

在 Q-开关激光器中,改变谐振腔中光学构造能迅速降低腔体在光泵浦时的有效反射率。此时,不输出能量就能使逆转数增加,从而促使放大器增益和激光上能级的储存能量得到提升。当出现最大反转时,品质因数 Q 变回较高值,促使系统产生激光辐射,使储存的能量产生一个短而大的脉冲。从物理上来说,Q-开关本质上是位于有源介质和高反射率镜(HR)之间的一个光闸。如果光闸关闭,HR 镜就被锁定从而阻止振荡。当放大增益达到预定值,光闸就会打开从而产生激光脉冲。

对于 Q-开关激光器而言,放大器增益和活性介质中的沉积能量都可以达到比增益开关高得多的水平。根据图 7.3,当循环增益达到最大值时,激光器开始发射激光。激光脉冲会迅速积累,消耗储存的能量,降低放大器增益。当环路增益低于一定水平时,激光输出脉冲的峰值出现。此后,输出激光功率开始下降。开始泵浦和打开 Q-开关之间的延迟时间显著影响激光的效率,因此,应对上层活性介质的寿命进行优化。显然,激光材料的荧光寿命越长,活性介质中储存的能量就越多。所有的固体激光器都可以有效地进行 Q-开关,因为它们的荧光寿命都在 100μs 以上(Nd∶YAG 230μs;Nd∶YVO$_4$ 100μs;Yb∶YAG 980μs;Nd∶YLF 480μs)。

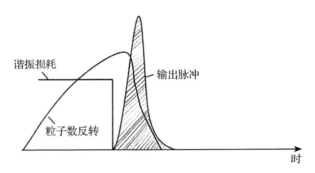

图 7.3　Q-开关:脉冲泵浦和 Q-开关主要激光参数的发展

Nd∶YAG 是目前最常见的 Q-开关、CW 泵浦激光系统。这个系统每秒能产生数千脉冲而脉冲能量不会衰减。这种系统的典型脉宽范围从几十纳秒到几微秒不等。如果要进一步降低脉宽,就有必要使用发射横截面更宽的激光晶体,如 Nd∶YVO$_4$。假设使用相同的储存能量和谐振腔配置,Nd∶YVO$_4$ 激光器能的脉宽持续时间只有 Nd∶YAG 的 1/2,这就是 Nd∶YVO$_4$ 激光器在微加工领域取得更大成就的主要原因。由于脉冲宽度短,脉冲峰值功率更高,因此,频率转换装置也更有效率。

Q-开关可以通过不同的方法实现。目前,最常见的方法是通过机械、光电或者声光等实现主动开关形式的 Q-开关,质量控制是时间的显函数。被动 Q-开关则是通过饱和吸收器,其质量控制由光子密度函数来控制。

7.2.3　空腔倾倒

由于高能级粒子的能量被储存在活性介质中,在 Q-开关期间就能够发射短激光脉冲。相反,在腔体倾倒期间,能量被储存于谐振器中。在这种情况下,腔的损失由低到高,换句话说,品质因数从高到低。腔体倾倒适用于寿命太短而不能使用 Q-开关的高能级激光介质。空腔倾倒时,连续泵浦的激光介质被置于两个高反射镜之间,激光束的强度在谐振器中被高度放大。例如,如果一个声光偏转器在强度增加时是透明的,在谐振腔中处于激发态,则几乎全部能量都可以以短激光脉冲的形式离开谐振器。对于空腔倾倒激光器而言,声光偏转器通常处于非激活状态,这就造成谐振腔中极高的 Q 值和腔内非常强烈的激光强度。如果对装置施加一个电脉冲,几乎所有的能量都将以单光脉冲的形式倾倒出谐振腔(图 7.4),如一个典型的脉宽大约 10ns,包括倾倒出所有光子的往返时间。

图 7.4 空腔倾倒原理(和 Q-开关主要的不同是在输出激光脉冲以前,能量储存在
谐振腔中,而不是在激光介质中。空腔倾倒脉冲时间可以通过设置谐振腔的
长度来实现而不是激光增益。因此,就算是几纳秒的高频脉冲同样可以
实现。对于 Q-开关而言,脉冲宽度会随着重复率的增加而增加)

基于输出耦合机制的不同,空腔倾倒可以在脉宽为 10~30ns 的情况下使脉冲重复率高达几十兆赫。用于空腔倾倒的开关装置主要有光电普克尔盒、声光装置和偏振光分束器。如果和锁模联合使用,空腔倾卸可以在不降低平均激光功率的情况下,以数个兆赫的重复率产生亚纳秒脉冲。

7.2.4 锁模

Q-开关可以产生纳秒(ns)范围内的高强度脉冲,而锁模可以产生脉宽为皮秒(ps)到飞秒(fs)范围(10^{-13}~10^{-15}s)的超短脉冲。在 20 世纪 60 年代激光发明不久,科研工作者很快便通过红宝石激光器的被动锁模第一次生产出了皮秒范围的脉冲。锁模是基于不同波长的正弦波叠加以及相位偏移的数学原理。

锁模可以有效用于相对广泛的激光过渡带宽,因此,大量的纵模可以在脉宽较大的激光器材中同时振荡。假设 $2N+1$ 模式具有相同的振幅 E_0 并且模式之间的相位关系恒定,那么,由此产生的场振幅 $E_{\text{tot}}(t)$ 可以表达成时间 t 的函数:

$$E_{\text{tot}}(t) = E_0 \sum_{n=-N}^{N} e^{2\pi i[(\nu_0 + n\Delta\nu_{k,k+1})t + n\phi]} \tag{7.1}$$

中心模式频率 ν_0 与相位差 $\Phi = \Phi_{n+1} - \Phi_n$。相邻纵模之间的频率差 $\Delta\nu_{n,n+1}$ 如下式所示:

$$\Delta\nu_{n,n+1} = c/2L \tag{7.2}$$

谐振腔长度 L 必须是半波长的整数倍。假设 $t=0$ 时刻所有模式都满足相位条件，由于频率不同，离开此时间点后相位立即发生变化。然而，随着时间的周期性变化，当频率距离是谐振腔中逆循环时间的整数倍时，会出现恒定的相位关系。在这些时间点上，所有模式都处于最大场。因此，$2N+1$ 模式叠加达到了最大理论值 $(2N+1)E_0$。在无关联的模式下，这个值则永远不会达到。式 (7.1) 对 E_{tot} 的分析求和如下：

$$E_{tot} = \hat{E}(t) \times e^{2\pi i \nu_0 t} \tag{7.3}$$

$$\hat{E}(t) = E_0 \frac{\sin[(2N+1) \times (2\pi \Delta\nu_{n,n+1} t + \varphi)/2]}{\sin[(2\pi \Delta\nu_{n,n+1} t \varphi)/2]} \tag{7.4}$$

因此，总辐照强度可表达为

$$I_{tot}(t) = I_0 \left| \frac{\sin[(2N+1) \times (2\pi \Delta\nu_{n,n+1} t + \phi)/2]}{\sin[(2\pi \Delta\nu_{n,n+1} t + \phi)/2]} \right|^2 \tag{7.5}$$

图 7.5 展示了 1 个、2 个、5 个 和 10 个纵向模态叠加的时间行为。恒定相位差的单模叠加会导致激光脉冲有一个持续脉宽 τ_p，即

$$\tau_p = \frac{1}{2N+1} \frac{1}{\Delta\nu_{n,n+1}} \tag{7.6}$$

激光脉冲之间的时间差 Δt_p 为

$$\Delta t_p = 2L/c \tag{7.7}$$

那么，单脉冲的峰值强度 I_p 为

$$I_p = (2N+1)^2 I_0 \tag{7.8}$$

因此，当振荡模式峰值强度仅是静态耦合时单一强度的 $(2N+1)$ 倍时，N

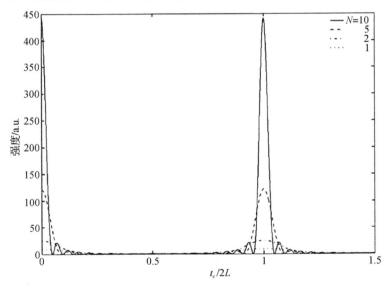

图 7.5 不同相位耦合等幅纵向模式的叠加，强度随着耦合模数量的平方而增加

值的平方会是极大值。

由于只有带宽内的模式可以振荡,纵模激光的振荡次数受到放大带宽 $\Delta\nu \cdot L$ 的限制。因此,从下式中可以看出脉宽受到带宽的限制:

$$\tau_p \geq \frac{1}{\Delta\nu} \tag{7.9}$$

上式是傅里叶时间-频率转变定律的结果。与 Q-开关类似,也可以实现主动与被动锁模。

7.2.5 主动锁模

在有源锁模装置中,谐振器中靠近谐振器镜面的位置放置了一个调制器。调制器由外部信号触发,从而对光谐振器中的损耗(振幅调制)或光路(相位调制)进行正弦调制,频率为 $d\nu$,频率差 $d\nu$ 必须等于纵模频率差 $\Delta\nu_{n,n+1}$。根据傅里叶变换,时间调制会诱发相邻模式以 $\nu_0 \pm d\nu$ 的频率变换,此时,调制器中也会经历幅度调制。这个诱使相邻模式调制的过程直到激光器中放大带宽中所有的纵模都发生耦合并且使其同步为恒定相位关系。主动锁模不仅可以用于脉冲激光器,而且可以用于 cw-激光器。一般来说,电光和声光调幅能用于两种情况。电光调幅通常以普克尔盒为标志,声光调制器通常使用内部站声。

7.2.6 被动锁模

被动锁模和主动锁模基于相同的原理,都是对谐振器损耗进行时间调制。和主动锁模相反,激光系统本身决定了最小损失时间点。损耗调制是通过可饱和吸收体产生与强度相关的吸收或利用克尔效应来实现的。事实上,由于振荡器以宽的放大带宽模式振动,强度一开始呈现出统计学上的时间行为。这种随时间变化的强度会自动在吸收器中产生时间损耗调制。

被动锁模通常会使用饱和吸收器,锁模从激光器腔中的噪声波动开始。一旦噪声尖峰超过饱和吸收器的阈值,损耗就开始下降,增益在往返中增加。然后起始峰增加,变得更短,直到获得稳定脉宽。使用饱和吸收器的被动锁模最初用于染料激光器中,通常是将一个 $100\mu m$ 长吸收池的吸收器放置在一块全反射谐振腔镜的边上。这样设置的优点是脉冲反射前端和靠近脉冲后边缘会在吸收器内发生干涉,使饱和器在较低的强度下就能达到饱和。被动锁模不仅可以用于脉冲染料激光器,还可用于连续波长的染料激光器。在连续波激光器中,无源模式锁定会产生连续的脉冲串,而在脉冲激光器中,则会产生包络整个激光脉冲持续时间的脉冲串。在固体激光器中,能否达到最小脉宽很大程度上取决于吸收器的弛豫时间。固体激光器达到最小脉宽的时间比染料激光器长,但其脉冲能量却提高 $10^2 \sim 10^3$ 倍。

目前,固体激光器中通常使用克尔透镜锁模来产生超短激光脉冲。这种方法利用了非线性克尔效应,即折射率与入射强度的关系。如果一束呈高斯分布的高强度激光束通过克尔介质,折射率会因强度轮廓而在空间上不恒定。接近激光束中心区域具有较高强度,因此,折射率和相应的光程都比外部区域要大。由于激光束中心附近的强度较高,折射率和光路都高于外部区域,克尔介质就像一个梯度折射率透镜(克尔透镜)。由于高强度是引发克尔透镜效应的必要条件,因此,只有高强度的脉冲激光辐射才能聚焦。对于克尔透镜锁模,光阑需要安装于克尔透镜的焦点位置,聚焦的脉冲能够通过,而大多数的低强度辐射不能通过。这种腔内光阑能够让具有高强度的锁模脉冲通过而阻止统计相位关系和低能量水平的脉冲通过,直至它们相位关系正确。克尔介质与光阑的联合起到了饱和吸收器的作用。

7.2.7 短脉冲与物质间的相互作用

微秒激光、纳秒激光和锁模超短(飞秒和皮秒)脉冲激光与物质之间的基本相互作用原理有很大的差别。首先需要分析用于烧蚀的辐射量,较长的脉冲(纳秒到毫秒范围)具有足够的能量($I>10^{10}\,\mathrm{W/cm^2}$),通常会诱发等离子体,从而导致驱动与固态材料相互作用的辐射显著衰减(图 7.6(a))。此时,一部分能量储存于等离子体中,并且能快速转移到固体中或熔化材料,有助于材料加工。熔化的材料会被膨胀的等离子体羽流扩张时产生的压力梯度从烧蚀区移除。这种模式下传入材料的热量可以由方程 $d=\sqrt{4k\tau_p}$、材料的热扩散系数 k 和脉宽 τ_p 描述。

相比之下,超短激光脉冲能够直接撞击材料而不会受到等离子体的影响。在这个极短时间段内,等离子体的空间膨胀可以忽略(图 7.6(b))。如果电子密度 n_e 低于临界值 n_c,激光辐射才能在等离子体中传播。在这种情况下,吸收的能量被限制在表面薄层上,该表面层的厚度与光学穿透深度相对应(约 10nm)。

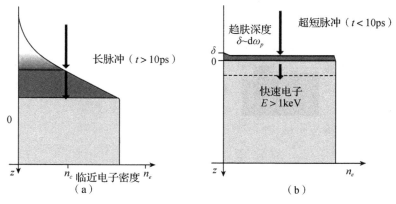

图 7.6 描述长脉冲(a)和超短脉冲(b)的相互反应

扩散进入固体材料晶格中的热量几乎可以忽略不计,而且基于一种材料只能用一个温度来表征的经典热传导理论在此时不再适用。此时,必须考虑电子-晶格之间的相互反应,电子和晶格两者的温度需要分别处理。这种情况下,需要用双温度模式来描述温度在时间和空间上的变化。

飞秒激光烧蚀金属的特点是电子在光学穿透深度内迅速过热和热化。与晶格离子相比,电子的热容量较低,因此,电子会被迅速加热到费米级以外的极高瞬态温度,导致电子与晶格系统之间出现极端的非平衡状态。假设电子热容量可以描述成 $C_e = 3N_e k_B/2$,其中 N_e 为电子密度,K_B 指玻耳兹曼常量;假设电子导热系数表达成 $k_e = C_e v_F^2 \tau/3$,v_F 为费米速度,电子弛豫常量 τ 使用第一近似值 $\tau = a/v_F$,电子扩散系数取决于温度,它的表达式为 $D = k_e/C_e$。为了应用下面的微分方程系统,建立了以下预测沿着固体平面电子温度(T_e)和晶格温度(T_l)与时间的模型:

$$\begin{cases} \dfrac{\partial T_e}{\partial t} = D \dfrac{\partial^2}{\partial z^2} T_e - \dfrac{T_e - T_l}{\tau_e} + \dfrac{IA\alpha}{C_e} e^{-\alpha z} \\ \dfrac{\partial T_l}{\partial t} = \dfrac{T_e - T_l}{\tau_l} \end{cases} \quad (7.10)$$

单个脉冲 $I(t)$ 和吸收量 A 相关的 T_l 的解析解表达式可近似表示如下:

$$T_l \approx \frac{F_a}{C_l} \frac{1}{l^2 - \delta^2} [l e^{-z/l} - \delta e^{-z/\delta}] \quad (7.11)$$

式中:F_a 是吸收的能量密度;C_l 为晶格热容量;特征电子扩散长度 $l = \sqrt{D\tau_a}$,烧蚀间隔 τ_a 即这一次独立脉冲长度;光学穿透深度 $\delta = 1/\alpha$。基于这个分析结果,可以导出晶格温度分布的两种边界条件:

$$T_l \approx \frac{F_a}{C_l \delta} e^{-z/\delta} \quad (l \ll \delta) \quad (7.12)$$

和

$$T_l \approx \frac{F_a}{C_l l} e^{-z/l} \quad (l \gg \delta) \quad (7.13)$$

式(7.12)在电子扩散可忽略的情况下是有效的($l \ll \delta$),而式(7.13)表示的是电子扩散长度远远大于光学穿透深度($l \gg \delta$),假设烧蚀的条件都满足,如果吸收的能量密度大于固体蒸发的热量 $C_l T_l \geqslant \rho \Omega$,这里密度为 ρ,蒸发比熵为 Ω,根据式(7.12)和式(7.13)可以推导出烧蚀深度的表达式:

$$L \approx \delta \ln\left(\frac{F_a}{F_{th}^\delta}\right) (l \ll \delta) \quad (7.14)$$

和

$$L \approx l \ln\left(\frac{F_a}{F_{th}^l}\right) (l \gg \delta) \quad (7.15)$$

对应的烧蚀阈值取决于 $F_{th}^\delta \approx \rho \Omega \delta$ 和 $F_{th}^l \approx \rho \Omega l$。

如上面提出的理论模型,式(7.12)和式(7.13)分别提出了每个脉冲烧蚀深度是激光能量密度的对数函数。式(7.14)是每脉冲烧蚀深度的特征表达式,适用于在光学穿透深度之外没有明显热传递的机制。式(7.15)描述的是热电子扩散而在光学穿透深度之外产生大量热传导的烧蚀机制。这两种效应都可以通过实验验证,适用于多种材料,包括铜等导热性能优异的金属。用超短激光脉冲烧蚀电介质时,固体材料也会发生非热击穿。不过,首先需要产生高强度能量扩散所必需的自由导带电子(CBE)。导带电子的产生可通过两个相互竞争的过程来描述:碰撞(雪崩)电离和多光子电离。哪一种能够成为能量增益的主要形式,取决于实验环境。如果有足够的 CBE 密度,那么,烧蚀过程和金属短脉冲烧蚀观察到的机理类似。由于 CBE 的产生需要额外的脉冲能量,热电子扩散所需的可用脉冲能量(即有效烧蚀功率)也随之降低,从而减少了热 CBE 的最大扩散长度。因此,式(7.14)更适用于预测介电材料的可能烧蚀深度。

7.3 激光辅助微加工工艺

7.3.1 材料去除实现结构化

当选择的激光能量强度明显高于烧蚀阈值,此时材料表面发生蒸发从而形成了表面形貌。如果材料被完全穿透,则可以对其进行精确钻孔和切割。

1) 钻孔

长脉冲激光器通过加热过程去除材料,即将材料加热到熔点或沸点,此时,母材中会出现热应力,形成热影响区(HAZ)。由于统计学上的材料熔化和再凝固行为具有不确定性,使用这些技术通常难以达到更高的精度。超短激光脉冲(皮秒和飞秒脉冲)在去除材料时不会给周围区域传递大量的能量,因而在高精度加工中具有较大的优势。激光钻孔相关的参数包括入口和出口处的孔径、圆度、壁面粗糙度和孔的三维轮廓。控制孔的轮廓也很重要,因为一些应用要求锥形孔(涡轮机行业,高压注入喷嘴),而另一些应用则需要圆柱形孔,甚至在深度上从圆形逐渐过渡到方形的异形孔。

当前有 4 种钻孔技术:单脉冲钻孔、冲击钻孔、套孔和螺旋钻孔(图 7.7)。最后一种是在使用短焦长套孔时调整焦点位置。

单脉冲钻孔是最简单直接的方法,只需一个脉冲冲击靶材就能打出完整的孔。根据不同的材料,这种方法需要很高的脉冲能量。因此,单脉冲钻孔大多数使用脉冲固体激光器的增益开关模式,脉冲持续时间通常在几微秒到几毫秒的范围。由于脉冲时间较长,去除的金属材料大部分靠反冲压力喷出。由于熔体流动和重熔,单脉冲钻孔在孔内相当于进行了重铸,而孔的入口处也形成了

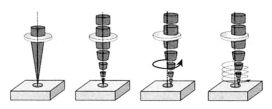

图 7.7 激光钻孔技术:单脉冲钻孔、冲击钻孔、套孔和螺旋钻孔(从左至右)

热影响区。单脉冲钻孔通常使用活性反应气体来吸收热量,进而提高钻孔速率,高压气体有时也用于在凝固前吹走熔融相。

冲击钻孔是在工件同一位置交替地使用多激光脉冲来加工一个精密孔。用冲击钻孔代替单脉冲钻孔有两个原因:一方面,能够使每一个激光脉冲来烧蚀一个更小的体积从而提高孔的精度,因此,能用具有更短脉冲、更小能量和单脉冲烧蚀率的激光器(如 Q-开光激光器)来钻深孔;另一方面,冲击钻孔深度可以增加到几毫米甚至几厘米。套孔和螺旋钻孔类似于激光切割工艺,并且从钻孔到切割的过渡比较模糊。和单脉冲与冲击钻孔相比,套孔和螺旋钻孔通常具有最高的质量,但是加工时间比单脉冲和冲击钻孔时间长很多。钻孔直径则和激光光斑直径与激光路径有关,激光斑点的空间畸变($M^2>1$)对孔的几何形状影响较小。同时,可以通过激光光斑和工件的相对移动来加工出孔的形状,不仅仅局限于只是圆形孔。通过控制操作系统来控制激光束和工件间的相对移动,甚至可以使孔的入口和出口形状不同(成形孔)。

利用套孔技术可以优化微孔的圆度,因为聚焦光束以圆形移动,孔的圆度不像简单的非旋转光束那样只取决于光束的轮廓。图 7.8 清楚地表明了冲击钻孔与套孔之间的区别。

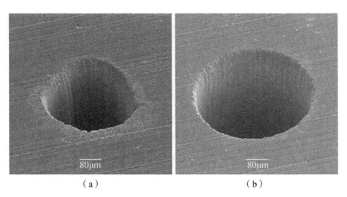

图 7.8 使用飞秒激光脉冲在不锈钢中冲击钻孔(a)和
套孔(b)(脉冲能量为 0.9mJ,激光脉冲 150fs)

在实际应用中,上述的低能量加工情形很难完全实现,因为需要极高的加工速度。这种情况下,有必要使用比烧蚀阈值高得多的能量密度。正如前面提到的更高能量密度的双重温度模式,在较高的激光通量下,耦合到工件中的能量和相应的热负荷相当高,飞秒激光也是如此。在这种情况下,每个脉冲的烧蚀率由热穿透长度决定。基本上这种情况与使用纳秒和更长激光脉冲进行的烧蚀类似。因此,使用飞秒激光进行材料加工时,在高通量下并不具备很大的优势。飞秒激光的一个小优势是:由于飞秒激光脉冲期间的热损耗较低,被烧蚀材料的流体动力膨胀可以忽略不计,因此,飞秒激光可以更有效地钻孔并钻出更深的孔,后者可以避免等离子屏蔽造成的损失。

对于许多工业应用中需要的金属钻孔,最重要的标准是孔的形状和质量。飞秒激光更加昂贵,但是只要能够制造出孔形特殊、质量和高重复性高的孔,那么,使用飞秒激光也是可行的。已经有人证明了飞秒和皮秒激光器能够满足这些要求。它们能用于简单的加工,不需要任何额外的后续处理和特殊的气体环境。

钻出通孔以后,激光的高强度部分不会被进一步吸收而是直接通过了小孔。在激光脉冲的边缘,激光能量接近烧蚀阈值,能够去除少量的材料。从此位置开始,飞秒激光脉冲与工件之间以低能量密度模式发生反应,因此,可以实现飞秒激光的所有优势。这个过程可以被认为是低能量密度飞秒激光的后处理,或者作为低能量精密加工,可以得到质量极好的小孔。高质量的单个小孔和高再现性如图 7.9 所示。

图 7.9 使用飞秒激光脉冲在 1mm 厚不锈钢板上钻孔(a)及其复制品(b)的 SEM 图

2)切割

切割作为一种更普遍的打孔和螺旋钻孔方法,已在钻孔部分被提到。激光切割金属的过程可分为熔化切割、氧切割和升华切割。在微加工方面,升华切割的优势是:可以最大限度地减少甚至避免熔化和热影响区。其缺点是:切割速度相对较低,因为金属的蒸发焓较高。这也是当前工业上大尺寸板材的激光切割依然主要使用熔化或者氧割工艺的原因。氧割的优势是可以实现高进给率,而劣势是会发生氧化。这两个过程会在材料表面形成毛刺和沉积物,毛刺和沉积物必须在后续加工时去除。

传统激光源(如 Nd∶YAG)产生脉冲的持续期在纳秒至毫秒之间,但由于材料中的热负荷,这种激光源的切割有一些局限性。因为此时热传导相对明显,从而导致了较大的热影响区和熔化。同时,重熔会导致飞溅,有时还会形成沉积杂物。这就导致必须要进行后续处理。由于激光加工过程中的热应力,更小加工尺寸受到了限制,甚至很多材料不能使用传统方法生产构件,因此,需要一种可替代传统技术的、破坏性低的激光加工技术。

飞秒激光几乎可以制作所有材料的结构化(如金属、陶瓷、玻璃、复合材料、生物组织)。一些传统激光技术无法加工的构件都可以进行加工,切口非常光滑没有飞溅和沉积物。图 7.10 是利用飞秒激光脉冲切割几种不同材料的例子,使用飞秒激光加工敏感易碎的材料显得平淡无奇。图中还分别给出了切割 PVDF 和 NiTi 形状记忆合金的例子,两种材料都是热敏材料,特别是 PVDF 薄膜几乎是光学透明的。当前还没有其他的加工方法能够能达到飞秒激光切割的质量。

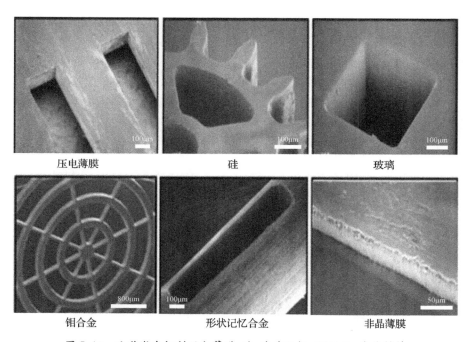

图 7.10 飞秒激光切割压电薄膜、硅、玻璃及钼、NiTi 丝、非晶材料

除了传统切割技术外,目前还发明了一种用于切割脆性材料(如玻璃或硅)的无损耗技术。激光辐射在工件上移动并加热材料,在接下来的局部冷却期间,产生了瞬态热机械应力,它可以用于控制和引导材料初始裂纹的扩展,产生一个完美、干净、光滑的切割边缘。这种完全没有污染和边缘损坏的切割技术形成了一种边缘光滑的切割工艺,目前,这一技术是烧蚀切割技术速度的 5~10

倍。图 7.11 中可以看到硅片切割边缘的 SEM 图。使用脉冲激光源,切割边缘的质量随着脉冲时间的变长和切割速度的增加而下降。然而,在激光诱发应力(LIS)切割时,获得了最优的切割质量和切割速度。

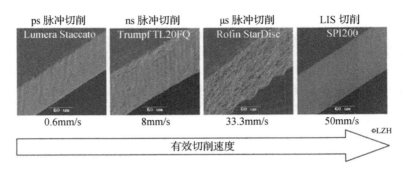

图 7.11　使用不同脉冲切割系统和新奇的激光诱发应力(LIS)切割技术切割硅片的切割边缘 SEM 图

3) 3D 结构的烧蚀

在钻孔和切割时,可以使用更长的加工时间和更高的总能量来获得更高的壁面质量。但是表面烧蚀在获得一个光滑的烧蚀面的同时不可能对孔壁进行抛光。烧蚀的整个过程只能使用特殊的低能密激光来实现,可实现的结构尺寸从几十微米到亚微米不等,这主要取决于脉冲能量和聚焦策略。例如,通过不同参数的低能量密度激光分别在表面扫射,可以烧蚀出如图 7.12 和图 7.13 所示用于 SU-8 胶的精确方形平面。

图 7.12　SU-8 胶的精密二维烧蚀(266nm 波长的激光进行 30ns 扫描,从左至右改变聚焦位置)

要想实现精密烧蚀,必须采用防护罩来对工件进行保护,同时激光能量密度要稍高于烧蚀阈值。图 7.14(a)给出了使用 150fs 激光脉冲从玻璃基体指定区域烧蚀一片铬层的情况,图 7.14(b)给出了使用亚微米单脉冲激光烧蚀蓝宝石的例子。特别是加工盲孔时要使用脉冲时间非常短,同时脉冲能量非常低的激光。

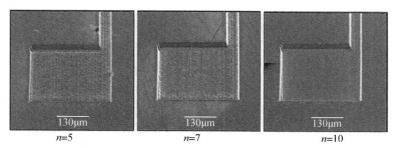

图 7.13 使用 226nm 波长激光烧蚀 24μm 厚的 SU-8 胶
（从左至右改变能量和层数烧蚀至合适深度）

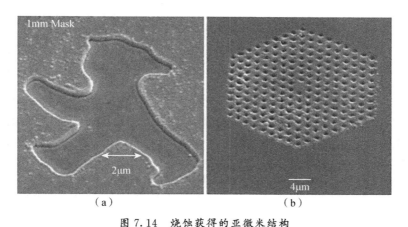

图 7.14 烧蚀获得的亚微米结构
(a)暴露区域 150fs 激光脉冲；(b)单一聚焦 30fs 脉冲的蓝宝石小孔。

为了创造周期性微结构区域，飞秒激光脉冲通常使用直写工艺，即运用扫描系统或周期性跟踪工件来跟踪单个轨道。这些结构主要由一些细槽组成，通过调整工艺参数，可以设计不同的尺寸和角度。图 7.15(a)显示了熔融石英中的锥形结构阵列，它是由移位 90μm 的凹槽叠加而成。图片显示的是加工后的直接加工质量，无需后续清洁。如果需要提高光学质量，可以通过退火和蚀刻等后续工艺来平滑表面。

除了周期性的微观结构外，表面形态也可能具有随机性。借助飞秒激光脉冲在六氟化硫环境中的应用，硅表面可以随机形成微小的尖峰图案。通过调整强度和气体压力等参数，形状可以从圆而短到非常尖，顶端尺寸可以小到几百纳米，尖峰长度可达几十微米。图 7.15(b)显示了这种结构的样品，由于其对几乎所有波长的光都有很高的吸收率，因此又称为"黑硅"。

7.3.2 叠层制造

与前面介绍的激光去除工艺不同，增材制造一般是通过逐层添加材料的方

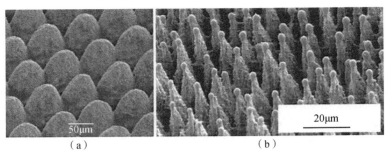

图 7.15　通过 fs 激光描写的微结构

(a)熔融硅,使用 70μJ 的 120fs 脉冲加工的构件和硅中的微尖峰;

(b)使用 200μJ 的 100fs 脉冲在 SF6 环境中加工。

法制造三维实物,其基本原理如图 7.16 所示。逐层制造原则上不需要任何专门制造的模具或工具,而是依靠三维模型数据,这些数据可以通过 CAD 软件或 CT(计算机断层扫描)等扫描系统生成,也就是所谓的逆向工程。由于这一过程的灵活性高且不需要任何工具,该技术主要用于快速原型制造。在加工前,模型数据在加工方向上进行模拟切割,并生成几何层状信息。根据实用的制造方法,三维实体通过烧结、熔化、聚合或者其他自下向上的原理产生三维实体。本章将只叙述聚合和烧结法,因为这两种方法更利于制造微小零件。金属熔化法可以得到高质量材料,但是制造精度会降低。

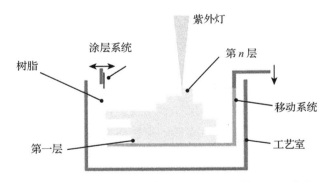

图 7.16　立体光刻的 3 个步骤:1 开始点;2 第 n 层的聚合;
3 降低平台然后再第(n+1)层涂覆

聚合物零件通常是使用立体光刻(SL)工艺制造。从本质上说,立体光刻工艺基于光诱导固化液体聚合物(也称为树脂),这种聚合物在聚焦激光束的局部照射后直接转变为固态。在大多数现有的立体光刻系统中,紫外线激光的高能光子(激光波长越短,光子能量越高)被用来诱导自由基或阳离子聚合单层。通过两个振镜使激光束偏转,并将光束聚焦在专用聚合物层上,从而制造出大型部件,传统 SL 机器的分辨率限制在垂直方向 100μm。

近年来,新开发了一些定制装置,如图 7.17 所示,该设备配备了一个锁模频率三倍频固态 Nd:YAG 振荡器,工作波长为 $\lambda=355\text{nm}$。该激光器可提供 $\tau_p=10\text{ps}$ 的脉冲串,脉冲重复率为 100MHz,平均输出功率 $P_L=20\text{mW}$。根据前文的描述,锁模激光器中脉冲重复率取决于谐振器的长度。从系统的角度来看,这种高重复率可被视为连续波光束,因为单脉冲的时间控制在 100MHz 是不可能的。

图 7.17 微立体平版印刷系统
(a)紫外激光源和声光调制器;(b)装有检流计扫描器的框架和聚合物加工室。

图 7.18 展示了快速制造聚合物微型机械系统(MEMS 设备)的可行性。通过特殊设计,制造出了可移动的结构。将制作好的三维模型从加工室中取出后,支撑结构可以被去除,之前固定的部件(一个作为原理验证的圆环和一个轮子)可以自由移动。这种材料是一种有机改性陶瓷并具有出色的机械和加工性能。

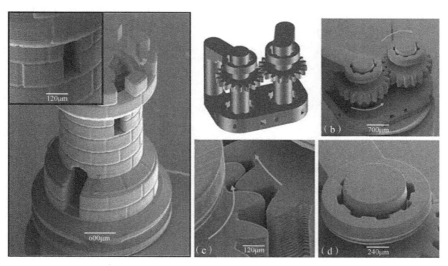

图 7.18 通过基于微立体平版印刷制造的微电子机械系统(MEMS)典型结构
(包括国际象棋的塔形结构和 MEMS 齿轮结构,所有结构的层厚度为 $10\mu\text{m}$)

在微米尺度范围内成形金属结构要困难得多,大多数研究活动都集中在缩小激光烧结的规模以制造微结构。文献中描述的少数几个例子,纳米级的铁铜粉末被作为填充材料用于单步微激光烧结工艺(图7.19)。该工艺基于填充材料的直接应用,而粉末床加工(选择性激光烧结)似乎难以缩小规模。

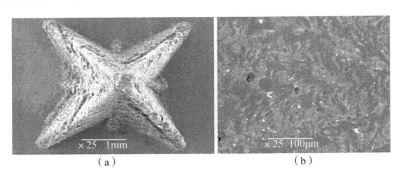

图 7.19　激光微烧结打孔器(a)和表面特定的铁铜相横截面图(b)

7.3.3　纳米结构化

1)多光子烧蚀

在激光微加工技术中,可以实现的最小结构尺寸通常取决于光学系统的衍射极限,其数量级与辐射波长相当。然而,相对于超短激光脉冲相关的极高能量输出强度而言,情况就不同了。利用明确的烧蚀阈值(一般是经修正的),可以通过选择峰值激光能量密度稍高于阈值来克服衍射极限。这种情况下,只有光束中心部位可以对材料改性,从而可以产生亚波长结构。在透明材料中,有进一步克服这种衍射极限的可能。

在具有一定能带隙的材料中,使用飞秒激光脉冲可实现恒定通量比 F/F_{th} 的最小结构尺寸,其计算公式为

$$d = \frac{k\lambda}{\sqrt{q}NA} \tag{7.16}$$

式中:λ 是辐射波长;q 是用来克服能量带隙所需要的光子数量;NA 是聚焦光束的数值孔径;k 是取决于材料的比例常数($k=0.5,\cdots,1$)。为了描述这个方程,图7.20中有效束轮廓和不同材料的烧蚀孔洞直径 d 之间关系,其中 $q=1$,2,4 代表离子化过程所需要的光子数。

这项技术的再现性受到两个因素的影响:第一,材料的缺陷能够局部改变烧蚀阈值,导致结构尺寸的改变;第二,雪崩电离在激光脉冲越长时越重要。这就导致了电离开始前,激光与物质相互作用区域中存在的自由电子数量受到越来越大的影响。

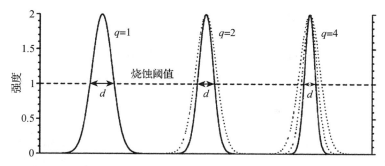

图 7.20　有效束轮廓和不同材料的烧蚀孔洞直径 d 之间的关系
（其中 $q=1,2,4$ 代表离子化过程所需要的光子数）

2）纳米立体光刻

当前的研究已经证明，基于光敏树脂双光子聚合作用（2PP）的非线性光刻技术可以制造出真正的三维亚微米结构。

当飞秒激光聚焦进入光敏树脂中时，聚焦区域因对激光脉冲的非线性吸收而被激活。通过在树脂的 3 个方向移动激光焦点，可以制造出分辨率低至 100nm 的纳米结构。如图 7.21(a) 所示，单光子聚合（1PP）的应用广泛，如紫外光刻或立体光刻，只需一个紫外光子即可在光敏树脂表面启动聚合过程。根据光引发剂和添加的吸收颗粒的浓度，在开始的几微米内紫外光被吸收。因此，单光子聚合作用仅限于树脂的表面处理。另一方面，光敏树脂通常对近红外光线透明，这也意味着近红外激光脉冲可以聚焦进入树脂体里面（图 7.21(b)）。如果光子密度超过一定阈值，聚焦体里面就会发生双光子吸收。如果聚焦激光在树脂体里面做三维运动，沿着焦点路径的聚合反应就会被激活，从而能够加工出任何 3D 微结构。

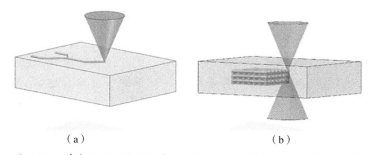

（a）　　　　　　　　　　（b）

图 7.21　单光子微立体平面印刷原理(a)和双光子聚合作用 2PP(b)

激光的三维移动既可以通过使用振镜扫描仪在 $x\text{-}y$ 平面上扫描，同时在 z 方向上移动样品来实现，也可以通过使用三维压电平台移动来实现。很明显，使用 2PP 比微立体光刻具有以下几个优势。第一，聚合作用可以在树脂体里面激活，2PP 是一个真正的 3D 工艺，而微立体光刻是一个平面工艺。应用微立体光刻技术只能制作分层厚度在 2.5μm 以内的 3D 结构。第二，当光聚合作用发生于氧气环境中，树脂表面的活性分子会发生淬灭，可能会抑制聚合作用的发生。克服这一缺点的方法是在体积内而不是在表面上进行光聚合。第三，双光子激发光斑比单光子激发光斑小，因此可以制造更小的结构。图 7.22 是采用 2PP 制作的微模型图片。

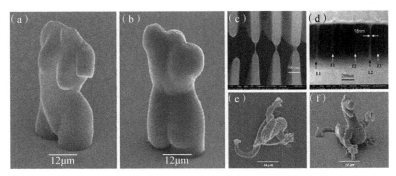

图 7.22 采用 2PP 制作不同计算机生成的微模型图片
(a)、(b)、(e)和(f)证明 2PP 制造 3D 模型；(c)和(d)表明分辨率可以小于 20nm。

7.4 激光微加工的应用

7.4.1 心血管植入物

除了直接使用飞秒激光的眼科屈光手术(fs-LASIK)，精确的医用机械植入物随着成型技术的发展而展现出广阔的应用前景。微机械植入物当前最大的市场之一是微创治疗动脉硬化。植入冠状动脉支架不仅费用较低，而且相比于通过锁孔手术进行干预的危险性也小得多。因为所需要的医疗机械植入物要求极为严格（如无毛边、X 射线不能透过），所以通常只有少量材料适用。考虑到支架是永久性的，大部分支架使用不锈钢（316L 具有极好的耐腐蚀性）或者具有伪弹性的 NiTi 形状记忆合金制作。对于这些金属合金，已经开发了化学后处理技术来使其达到预期性能。然而，在部分医疗方面（再狭窄的风险、有限的生物兼容性等），这些材料还不是最理想的。

一些新材料和新设计目前正准备进军市场，当前已开发出一类临时使用的全新支架材料，包括 Mg 基生物再吸收材料或者另一类特殊生物聚合材料，当它完成最终使命，经过一定时间后就会被分解。然而，对于这类材料，目前还没有成熟的后处理技术。此外，大多数材料对热负荷的反应都很强烈，会出现较大的热影响区，甚至裂纹。因此，必须避免加工过程对剩余材料的影响，以保持材料的特殊属性。飞秒激光烧蚀和切割可以满足复杂材料的加工要求。

在生物医学应用方面,有机改性陶瓷(无机-有机聚合物)是近年来的热点。最近对 Ormocers 的生物相容性进行了研究,结果表明,不同类型的细胞在这种材料上都有很好的黏附性,其生长速度可与 ECM(细胞外基质)等生物活性材料相媲美。一个可能由有机改性陶瓷制作的支架结构如图 7.23(a)所示,图 7.23(b)中展示了用于细胞生长的独立乐高积木结构 SEM 图。

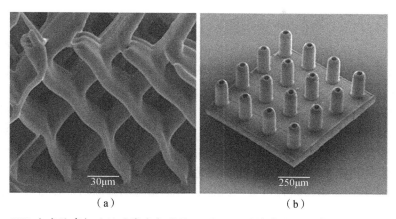

图 7.23 2PP 生产的有机改性陶瓷支架结构(a)和独立的蜂窝生长乐高类结构(b)的 SEM 图

2PP 同样可以用于制造药物传递装置,如微针阵列。这些装置可以使药理学中的透皮给药成为可能,包括病人的疼痛、注射部位的创伤以及持续释放药剂的困难。此外,2PP 技术的灵活性使得针可以任意设计,可以方便比较几何形状对力学性能和钻孔性能的影响。图 7.24 是 2PP 技术制作用于药物传输的有机改性微针 SEM 图。这些微针具有合适的力学性能并且能在不破坏皮肤的情况下渗透进去,当前这种微针阵列还在研究中。

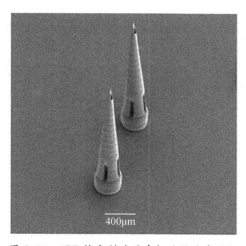

图 7.24 2PP 技术制造的有机改性陶瓷微针

7.4.2 太阳能电池加工

在过去的 10 年中,全世界太阳能电池的装机容量大幅度增长。激光技术近来的发展为光伏产业提供了新的应用领域。此外,许多新型高效太阳能电池概念只有采用激光技术制造才具有经济可行性,如用于硅薄膜太阳能电池的划片技术。

图 7.25 中展示了薄膜太阳能电池的生产链。刻蚀薄膜太阳能电池主要基于传输系数不同而使用不同激光波段的薄膜材料。第一个沉积 TCO 层可能是氧化锌(ZnO)、二氧化锡(SnO_2)或者铟锡氧化物(ITO)。通常,当用玻璃做基体时,刻蚀将从玻璃一侧开始。一个典型的例子如图 7.26 所示。图 7.26 的蚀刻是使用 DPSS 激光器($\lambda = 1047$nm,$E_p = 30\mu J$,$n = 5$ 脉冲)完成的。硅作为吸收材料,通常使用波长为 532nm 的激光器蚀刻。TCO 波长是透明的,并且硅在一个薄层吸收这个波长的辐射。对于 532nm 的硅,可以用与吸收体相同的激光波长对第三层进行刻划。在这种情况下,第二个吸收层也被去除,但并不是必需的,也不会影响太阳能电池的功能。

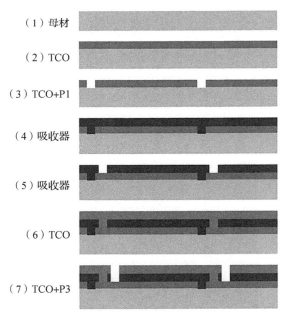

图 7.25 薄膜太阳能电池的沉积和刻蚀

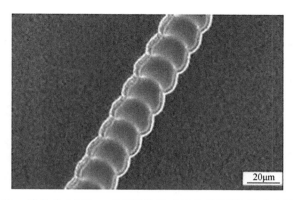

图 7.26　波长为 1047nm 的 DPSS 激光器蚀刻 TCO 模式 1 的例子

7.4.3　加工喷嘴

流体应用领域的许多装置需要钻大量的孔以实现特殊功能，如燃烧室组件或者滤波器组件。在大多数情况下，钻孔的直径和形状有一定程度的误差，再铸层也很薄。但在许多其他应用中，只有将激光脉冲持续时间缩短到 ps 或 fs 范围才能满足要求，这就需要采用新的技术。

现实中有各式各样的高精度钻孔实例。流体组件必须要开孔洞，如喷墨式打印机、喷油器系统、流量调节阀或者微流体传感器。在汽车工业中，当前正努力生产更清洁的汽车并降低油耗，在这方面，柴油喷射器喷嘴是保证清洁燃烧的最重要部件之一。当今，喷射嘴孔都是采用电火花加工一个圆柱形的小孔，孔的直径范围在 $100\sim150\mu m$；将来，可以改进工艺钻出更小、更精确、燃油率更高的小孔。注入孔最重要的质量特征是边缘无毛刺，孔壁表面光滑，孔圆形柱状的轮廓。控制孔的轮廓尤为重要，因为一些应用需要柱状孔，而另一些应用需要锥形孔，图 7.27 展示了使用飞秒激光钻出来的喷嘴。

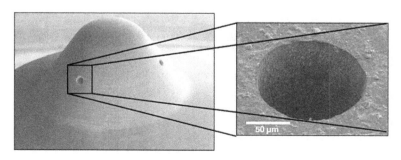

图 7.27　使用飞秒激光在燃油器上钻出的微孔

喷墨打印是一种点阵印刷工艺，墨滴从一个小孔直接喷射到介质上的指定位置，从而形成图像。打印头中最重要的组件之一就是喷嘴，喷嘴几何形状，如直径和厚度,直接影响墨滴体积、速度和轨迹角度。改变喷嘴板的制造工艺能极大地改善印制质量。目前,制作喷嘴板应用最广泛的方法是电化学沉积镍和激光烧蚀聚酰亚胺。其他已知制作喷墨嘴的方法有电火花加工、微穿孔和微加工。因为清晰度越高就要求喷墨体积更小,因此,打印头的喷嘴变得越来越小。当前,喷射墨滴为10pl,打印头喷嘴直径约为20μm(图7.28)。随着精密低成本的趋势,激光烧蚀制作喷射嘴变得越来越流行。

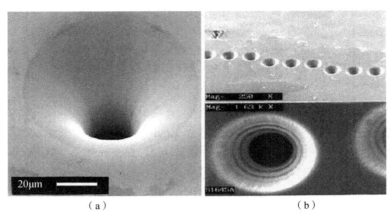

(a) (b)

图7.28 Ni和聚酰亚胺喷嘴板进口处SEM图
(a)电沉积镍喷嘴;(b)激光烧蚀聚酰亚胺喷嘴。

综上所述,生产像燃料喷射装置和喷墨嘴或者其他定量装置(液压与气动组件)为革新激光加工技术(如飞秒激光加工技术)提供了良好的应用前景。

参考文献

[1] 程亚. 超快激光微纳加工:原理、技术与应用[M]. 北京:科学出版社,2022.

[2] MAROWSKY G, BASTING D. Excimer laser technology[M]. Berlin:Springer, 2010.

[3] FARSON D F, READY J F, FEELY T. LIA handbook of laser materials processing [M]. Berlin:Springer, 2001.

[4] 张永康. 激光加工技术[M]. 北京:化学工业出版社,2004.

[5] KOECHNER W. Solid - State Laser Engineering[M]. New York :Springer, 2009.

[6] RULLIÈRE C. Femtosecond laser pulses:principles and experiments[M]. Berlin:Springer, 1998.

[7] 齐立涛. 超短脉冲激光微细加工技术[M]. 哈尔滨:哈尔滨工程大学出版社,2012.

[8] KAWATA S, SUN H B, TANAKA T, et al. Finer features for functional microdevices [J]. Nature, 2001, 412:697 - 698.

[9] 刘其斌. 激光加工技术及其应用[M]. 北京:冶金工业出版社,2007.

第8章 激光制造过程的温度监控

8.1 引　言

本章节主要是应用多种光学诊断工具来监测激光加工高温传热传质过程。例如，研发了用于激光加工过程中材料表面温度检测的温度计，利用基于 CCD 摄像头的诊断系统测量侧向和同轴送粉激光熔覆（LC）中的飞行粒子参数，使用红外相机将激光焊接、激光熔覆和选区激光熔化（SLM）过程可视化。通过在不同时间和空间尺度进行过程监测，激光表面处理以及激光熔覆过程中的实际表面温度可以得到精确测量。

在激光焊接监控中，孔内蒸汽流的动态变化和激光等离子体的相互作用十分快速，它们的典型时间是微秒，甚至更短，这两个时间尺度在熔池流体动力学上有所不同。蒸汽流速在液-气界面的匙孔内主要以微秒计算的，其特征时间由钥匙孔直径与蒸汽速度的比率决定。至于熔池中的对流物质，其特征时间为毫秒级。和激光焊接相比，激光熔覆中的宏观时间尺度明显更长。

在选区激光熔化（SLM）中，熔化单个粒子的时间可用 r^2/α 来估算，其中 r 是颗粒半径，α 是对应的块体金属的温度扩散系数。因此，对于直径 $10\mu m$ 的钢粉颗粒，辐照时间约为 $10\mu s$。在 SLM 中激光与物质相互作用的大部分时间内，熔融的粉末都暴露于激光辐射之中。要监测整个制造周期和工艺稳定性，分辨率必须达到毫秒级别。

由以上分析可知，开发专门用于激光加工的高温计测量系统是一项复杂的任务，因为激光加工量化范围宽且工艺参数复杂：温度范围宽（$500\sim3500℃$），加热和冷却速率快（$10^3\sim10^8℃/s$），加热区尺寸小（$0.1\sim5mm$），激光等离子体辐射的影响，材料的光学性质和热性质的急剧变化对高温计的性能需求有时是矛盾的。几乎不可能同时满足采样时间短、温度测量区域小、光谱带宽范围窄的要求。

8.2　测温的理论背景

由于未知的辐射及其在测量过程中可能引起的变化，真实温度的还原是高温计的关键问题。本文将介绍两种温度监测方法：单色测温法和多波长测温法。

8.2.1 单色高温计

非黑体目标的亮度温度（T_B）定义为具有相同同色亮度的黑体的温度（T_0）。这两个温度之间的关系如下：

$$L(\lambda, T_0) = \frac{C_1}{\pi \lambda^5 (\exp(C_2/\lambda T_B) - 1)}$$

由此推导出

$$\frac{1}{T_0} = \frac{1}{T_B} + \frac{\lambda}{C_2} \ln \varepsilon'(\lambda, T_0) \tag{8.1}$$

式中：$L(\lambda, T_0)$ 是光谱辐射强度（W/m^3）；$C_1 = 3.7418 \times 10^{-16}$（$W/m^2$）；$C_2 = 1.4384 \times 10^{-2}$（m·K）；$\varepsilon'$ 为光谱发射率；λ 为波长。

缺乏可靠的辐射率数据（尤其是高温数据）是亮度高温测量法的主要阻碍。例如，纯铁的辐射率只有 0.35，但在高温下其氧化表面辐射率（$\lambda = 0.65\mu m$）高达 0.95。另一个例子是铝，根据氧化程度、表面处理方式的不同，其辐射率（$\lambda = 0.65\mu m$）在 0.10~0.40 变化。因此，相对辐射率的不确定性可达到 50% 甚至 100%。

8.2.2 通过多波长测温还原实际温度

随着现代计算机设备的应用、最小二乘法和光谱通道数量的增加，通过测量光谱强度以确定温度的方法获得了较大进展。目前，利用多波长高温计（MWP）和光谱辐射计有望还原"真实"的温度。MWP 是基于"反辐射温度转换"的一种方法，也称为"Wien/Log 转换"。在经典单色测温的基础上，简单地扩展为多通道仪器，使用 Wien 的近似值，并用波长多项式拟合代替发射率的对数项，可以解决所谓的线性化系统问题，并获得实际的温度，具体原理可由下式表达：

$$L(\lambda_i, T_0) = \varepsilon'(\lambda_i, T_0) \times \left[C_1 \lambda_i^{-5} \Big/ \left[\exp\left(\frac{C_2}{\lambda_i T_0}\right) - 1 \right] \right] \tag{8.2}$$

$$= \left[C_1 \lambda_i^{-5} \Big/ \left[\exp\left(\frac{C_2}{\lambda_i T_i}\right) - 1 \right] \right]$$

$$1/T_i = 1/T_0 - (\lambda_i/C_2) \ln \varepsilon_i \tag{8.3}$$

$$\ln \varepsilon_i = \sum_{n=0}^{N-2} a_n \lambda_i^n, i = 1, 2, \cdots, N \tag{8.4}$$

式中：N 等于或小于高温计波长值；$1/T_i$ 的 N 项式可通过 $1/T_0 - (\lambda_i/C_2) \ln \varepsilon_i$ 与 λ 的关系进行拟合得到。

最简单的情况是具有恒定发射率的灰体,它近似一阶函数($N=1,\varepsilon(\lambda)=\exp(a)$),但灰体不常出现。对于不同的发射模式和光谱范围不同的光,目前普遍适用的测温方式还没有发明。下式得到了一定的进展,但只是在辐射率的计标方面,而对温度的计标还未突破,即

$$\varepsilon_i = L_i/L_0(\lambda_i, T_0) = \frac{\exp\left(\frac{C_2}{\lambda_i T_0}\right)-1}{\exp\left(\frac{C_2}{\lambda_i T_i}\right)-1} \tag{8.5}$$

$$\varepsilon_i = \sum_{n=0}^{N-2} a_n \lambda_i^n \tag{8.6}$$

或其他近似计标式,即

$$\sum_{n=0}^{N-2} a_n \lambda_i^n = \frac{\lambda_i^5 L_i}{C_1}\left[\exp\left(\frac{C_2}{\lambda_i T_0}\right)-1\right], i=1,2,\cdots,N \tag{8.7}$$

本方法的优点在于,相比于"Wien/Log 转换"的发射率近似为 $\varepsilon(\lambda)=\exp\left(\sum_{n=0}^{N-2} a_n \lambda_i^n\right)$,该方法则可以用于多种发射率近似计标。其主要步骤是:定义一个标准,选择一个合适的发射率近似值。通过变换式(8.5)的 T_0 值,可以找到相应的发射率 ε_d,然后将 ε_d 应用到特定的方程中(多项式、指数等),从而得出计算发射率 ε_c。该函数的最小值 $1/V = 1\Big/\left(\sum_{i=1}^{n}\frac{(\varepsilon_c-\varepsilon_d)^2}{\varepsilon_c}\right)$ 是 T_0 的最优解。

8.3 诊断设备

8.3.1 高温计性能数据

本文将介绍几种独创的测温仪:单点单色,2D 单色,单点双色,单点多波长(表 8.1)。

表 8.1 高温计的性能数据

测温仪参数	单色	2D 单色	单点多波长	单点双色
温度范围/℃	600~3200	1100~3800	900~3200	800~2500
波长/μm	1.5	0.870	1.001~1.573	1.25,1.36
空间分辨率/μm	400	每个光电二极管 265	800	50
采样时间/μs	50	每个光电二极管 17	光电二极管 50	50000
光电二极管数量	1	矩阵阵列 10×10	12	2
探测器类型	砷化铟镓	硅	砷化铟镓	砷化铟镓

典型的高温测温系统包括：通过光纤连接到电子装置的分离式光学头，可将测温仪光学头直接安装到激光光学头中；内部微处理器，用于控制仪器的运行模式——校准、测量（选择测量的采集周期和总持续时间、最小和最大温度值等）和记录（使用内部存储器记录数据）。专门开发了"栅槽"过滤器（在波长为 $1.06\mu m$ 时有 10^{-6} 透明度）来避免激光辐射对温度测量的影响。

单点单色高温计由光学头和光纤连接的电子装置组成，用于测量相对较低的温度（从 600℃ 开始）。电子单元包括铟镓砷光电检测器、滤波器（$\lambda_{max} = 1.5\mu m$）、预放大器和电源（表 8.1）。2D 高温计通过光电二极管从矩形矩阵（10×10）中捕获信号，并测量在单一波长 $\lambda=0.86\mu m$ 与 50nm 的光谱带宽内的亮度温度。由不同的光电二极管在 $8mm\times 8mm$ 的范围内连续测量，单个光电二极管采样的时间是 $17\mu s$（表 8.1）。例如，10 个光电二极管测定温度分布的持续时间是 $170\mu s$，则所有 100 个光电二极管来显示一个二维温度分布需要 $1.7\mu s$。

多波长高温计可同时测量光谱范围 $1.001\sim1.573\mu m$ 内 12 个波长的亮度温度，并在 $800\mu m$ 直径的单个光斑中以 $50\mu s$ 采集时间进行测量。为提高信号的信噪比，该双色高温计的光学系统采用光栅单色器。低噪声散热的 InGaAs 光电探测器以 $1.1\sim1.5\mu m$ 的频谱频带探测相对较低的温度（低温极限是 800℃）。该高温计的特点是测量范围小，仅有 $50\mu m$，采样时间是 50ms。在测量之前，需要借助黑体 MIKRON M390 将高温计（最高温度为 3000℃）校准。

8.3.2 红外相机 FLIR Phoenix RDAS™

与现有高温计相比，现代红外摄像机可以在空间、时间分辨率上提供更详细的信息。利用光学诊断工具测试基准量（图 8.1）如下：为了获得亮度温度值，所有的工具都应进行校准。校准使用所谓的"黑体"进行，"黑体"以高温炉为代表，其光学通道可提供与黑体在给定温度下的热辐射相对应的认证热辐射。校准对于高温计和配备了 $50\sim100nm$ 窄光谱带通滤波器的红外摄像头特别有用，窄光谱窗口有利于避免辐射率变化和波长的影响，也可以不同性质的次生辐射最小化。

用红外摄像机在很宽的光谱带宽进行测量，要找到真实温度，最有效的方法是采用以下方法：使用具有窄光谱窗口的多波长高温计；在宽温度范围内提供经校准认证的黑体，如从 $500\sim3000℃$，最后采用适当的方法来还原真实温度。

8.3.3 CCD 照相机诊断工具

基于 CCD 照相机光学诊断工具可用于粉末粒子喷射的可视化以及粉末喷射期间颗粒面积和速度的测量。表 8.2 列出了基于 CCD 照相机诊断系统的性能。光学诊断工具包括由索尼公司制造的一个非增感图像传感器 Exview HAD CCD，它在近红外光谱范围内（$800\sim960nm$）具有较高的量子效率，伸缩

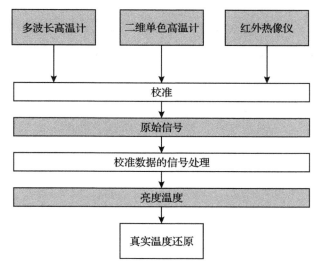

图 8.1 采用不同诊断工具的温度测量方法

透镜可实时监测面积 2.3mm×3mm 的粉末喷射区域。CCD 照相机高像素可以捕获灰度为 1038×1388 的高品质图像。装置自带的软件包可用于校正、图像处理以及粒子参数的统计分析。

表 8.2 基于 CCD 照相机诊断工具的性能

最小粒度检测/μm	10
波长 λ/nm	800~960
仪器误差/%	±1
与测量区相关的测量距离的射流/mm	147
最小采样时间/μs	1
测量区域/mm²	2.3×3

8.4 温度测量及主要影响因素

8.4.1 毫秒级脉冲和脉冲周期激光作用的表面温度变化

作为在激光应用中研究最多的领域,毫秒级脉冲 Nd:YAG 激光辐射的物理现象已得到广泛研究。实际上,毫秒级激光脉冲用于焊接薄板(如用于微电子密封的铁镍钴合金盒)、LC(如模具修复)、热喷涂层上层的重熔以及使用激光辐射熔化薄层以避免产生大的热影响区。经实验分析激光参数变化带来的影响有以下几点:①固定脉冲持续时间下的单脉冲能量 E;②固定单脉冲能量和脉冲持续时间下的脉冲形状。对于①的情况下,只有矩形脉冲形状得到了应用。每个单独的热循环是由几个特征值确定的:①最大峰值温度 T_{max};②熔化开始瞬间 t_m,即 $T(t=t_m)=T_m$,其中 T_m 是熔点;③熔体寿命 τ_{lt}(即液相的持续时间);④凝固时间 τ_s,即激光脉冲结束后液相的持续时间。

1)能量输入的变化

在固定脉冲持续时间(10ms)的矩形脉冲形状下,研究了热循环随每个脉冲能量在 13～30J 范围内的变化。图 8.2(a)显示了亮度温度(高温计波长 $\lambda=1.376\mu m$),图 8.2(b)显示了实际温度(温度测定方法如上所述)。可以看到,随着热输入的增加温度明显上升。在最简单的激光热传导模型中,表面温度正比于每个脉冲的能量密度。

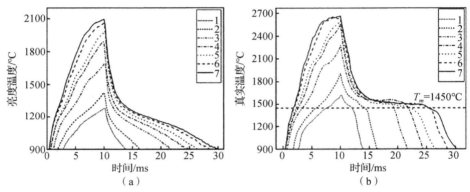

图 8.2　固定脉冲持续时间,不同能量下矩形激光脉冲的温度演化

(a)在 $\lambda=1.376\mu m$ 波长高温计测得的亮度温度;(b)真实温度。

2)脉冲持续时间的变化

图 8.3 显示了在每个脉冲能量 E 固定的情况下,脉冲持续时间 τ(矩形脉冲形状)的影响结果。脉冲时间越短,每个热循环的加热速率和最高温度越高。最高温度 T_{max} 随脉冲持续时间的增加从 2680℃($\tau=12ms$)降低到 2408℃($\tau=20ms$),表现出近似的线性关系。脉冲下熔化发生的时刻随脉冲持续时间的延长显著推迟:在 $\Delta\tau=12ms$ 时是 2ms,$\Delta\tau=20ms$ 时是 7ms。线性传热模型预测类似 $t_m\sim\Delta\tau^2$ 关系,熔体寿命几乎与脉冲持续时间无关:$\tau_{lt}=(27\pm1)ms$。

在低激光强度、长脉冲持续时间,热传递模式,浅熔池等实验条件下,熔体寿命主要由能量输入确定。凝固阶段 τ_s 持续时间随脉冲持续时间单调增加:从 13.6ms($\tau=12ms$)增加到 17.9ms($\tau=20ms$),这可由随脉冲持续时间增长而降低的表面温度进行解释。

3)脉冲波形变化

本书使用了固定脉冲时间(18ms)和脉冲能量(30J)的几种不同形状激光脉

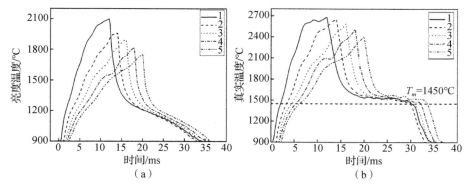

图 8.3 固定输入能量,脉冲持续时间不同的矩形激光脉冲的温度演化

(a)在 $\lambda=1.376\mu m$ 波长高温计测得的亮度温度;(b)真实温度。

冲,并将矩形脉冲形状作为参考值,将其结果做了相互比较。图 8.4(a)可以看到,在激光脉冲中间,能量密度急剧下降,温度达到了最大值(2274℃),此时,熔体寿命时间 τ_{lt} 相当长(27.4ms)。从图 8.4(b)中可以看出增加直角三角形激光脉冲强度后的效果,可以注意到此时温度变化的不同特点,特别是温度上限升高最大达 2748℃(1.21 倍)时,熔体寿命时间减少为 22.3ms(1.23 倍),但凝固阶段 τ_s 却增加了 1.28 倍。

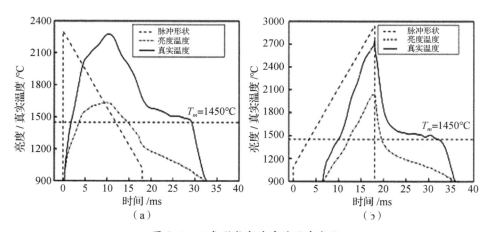

图 8.4 三角形激光脉冲的温度变化

(a)未增加直接三角形激光脉冲温度曲线;(b)增加直角三角形激光脉冲温度曲线。

图 8.5 给出了 3 个具有不同形状(2 个直角和 1 个面积大小相等的三角形)的三角脉冲和一个矩形脉冲的温度变化情况,可以看到,在所有脉冲中,每一个脉冲的脉冲持续时间和能量是相同的,能量密度增长的直角三角形中出现了最高峰值温度,能量密度降低的直角三角形中出现了最低温度。矩形脉冲的峰值温度(在脉冲结束时达到最高温度 2584℃)与等长三角形(在脉冲的中间某处达

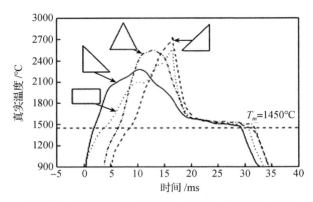

图 8.5　不同形状激光脉冲对应的温度变化（每个脉冲持续时间 18ms，能量 30J）

到最高温度 2549℃）的峰值温度相当。

考虑到激光加工中预热和后热的优点（如在脉冲激光焊接中避免热裂纹形成），采用了以下大致相似的激光脉冲波形（参照图 8.6 和图 8.7）来模拟预热和后热。在矩形的"本体"21J 前加上额外矩形"峰值"（8J）模拟"预热"，以及将矩形"本体"脉冲设置在中间并在其后另加一个脉冲（模拟"后加热"），对应能量密度（$q_1 = 3.3 \times 10^4 \text{W/cm}^2$ 和 $q_2 = 7.3 \times 10^4 \text{W/cm}^2$）有两个不同加热阶段和两个冷却阶段的值。如图 8.7 所示，对应"预热"形状的脉冲有稳定的表面温度平台，可保持最长的熔体寿命时间和最小峰值温度。"后热"形状的脉冲中达到最

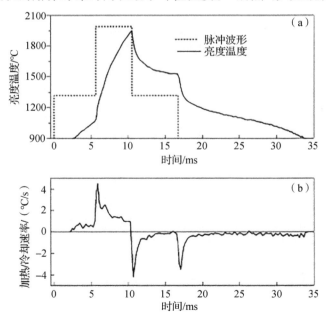

图 8.6　逐步形成的激光脉冲的温度变化（a）和加热/冷却速率（b）

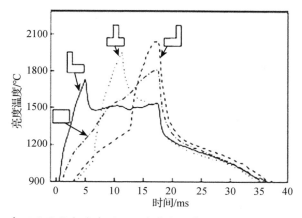

图 8.7 在不同的激光脉冲形状下的脉冲温度变化（时间 18ms，能量 30J）

高温度，在脉冲结束时达到了该脉冲的最大能量密度。需要注意的是，在激光作用结束时温度值实际上与两个相同能量密度的脉冲作用结束后的值（$q_1 = 3.3 \times 10^4 \text{ W/cm}^2$）相同。

4）周期性脉冲激光照射

对于 CW 和 PP 激光作用（每 2ms 持续时间产生 5 个脉冲）的亮度温度的变化，图 8.8 中取相同的持续总时间（18ms）和输入总能量（30J）进行比较。尽管在激光作用的初始阶段有明显差异，但激光结束时的最终亮度温度彼此接近。连续激光作用的温度是 1808℃，脉冲周期的温度是 1936℃（亮度温度测量的精确度为 1‰ 左右）。在脉冲周期性作用中，最低温度值有规律地升高，这与辐照区的热量积累相对应。在冷却阶段，由于热损失较小，吸收的激光能量较高，这可能是连续作用的温度值稍高的原因。

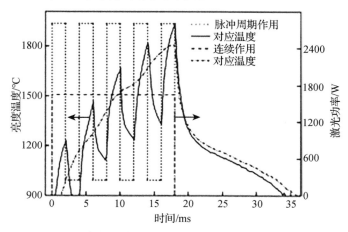

图 8.8 具有相同持续时间（18ms）和能量输入（为 30J）的
连续与 PP 激光作用的亮度温度的变化

PP激光作用中热量积聚的影响可以通过等离子体喷涂氧化锆涂层的表面重熔加以验证。分析一系列的激光脉冲作用和随后的冷却阶段(图8.9(a))以及在单个激光脉冲期间的温度变化(图8.9(b)),发现熔化/凝固时发射率的变化导致亮度温度(180℃)在熔点处急剧变化(图8.9),不是平滑变化。

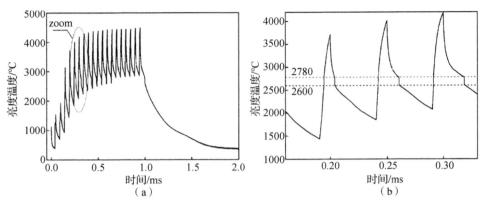

图8.9 周期性脉冲Nd:YAG激光等离子体喷涂氧化锆涂层的表面重熔
(每个脉冲能量是8J,脉冲持续时间是10ms,频率是20Hz;应用单点单色高温计)

8.4.2 激光焊接

1)周期性脉冲Nd:YAG激光焊

镀金的铁镍钴合金盒在薄壁(375μm厚度)焊接时,对焊缝偏离最佳位置相当敏感。单点单色高温计记录的单个热循环变化量(图8.10(a))和2D高温计测量的焊缝温度曲线(图8.10(b))证实,测温仪能够检测到100μm的光束位移。需要注意的是,不仅最高温度位置发生偏移,其数值也发生变化。

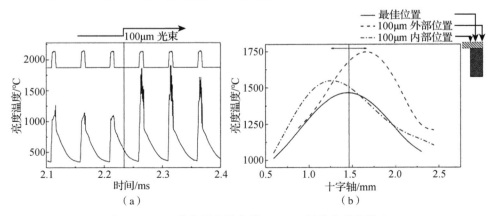

图8.10 PP激光焊接镀金箱,100μm焊缝位移的影响
(a)在激光作用点之前400μm焊缝外单点测温;(b)2D测温仪瞄准激光作用区。

2)CO_2 激光焊接

图 8.11 显示了焊缝横向及纵向的稳态温度分布随着焊接速度的变化图。根据激光焊线性传热模型,固定功率线性热源以恒定速度在热薄板上移动,温度值随焊接速度单调减小。

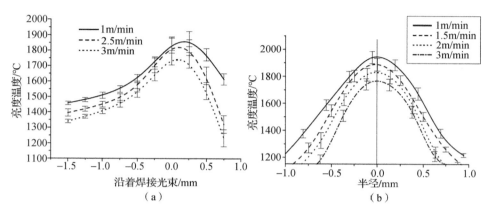

图 8.11 钛合金板的 CO_2 激光对焊时焊接速度的影响
(a)沿焊接轴线的稳态温度分布;(b)横跨焊接轴的稳态温度分布。

图 8.12 呈现了稳态温度分布的二维图像,对钛板 CO_2 激光对焊最初瞬时时期进行了分析并测量了沿焊缝(图 8.13(a))及垂直焊缝(图 8.13(b))的瞬态温度分布。

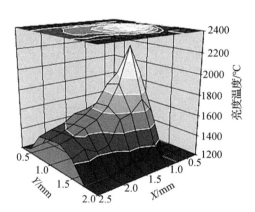

图 8.12 钛板的 CO_2 激光对焊的稳态温度分布的完整图

图 8.13 曲线中的时间,是从表面温度达到 1100℃ 时开始计数的。沿焊缝温度分布的过渡周期是远远长于横向温度分布(约 20ms),这与焊接热传递经典理论一致。在激光作用的开始阶段,沿焊缝的温度分布是类似的光束分布曲线。随后,因光束后方区域热量的积累,温度分布不再呈现对称且出现"尾巴"的形状。

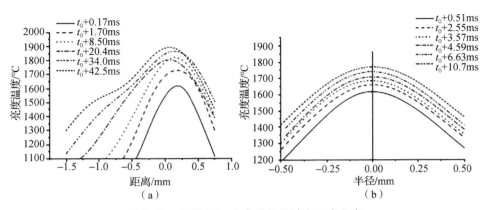

图 8.13 钛板 CO_2 激光对焊的瞬态温度分布

(a)沿焊接轴的温度分布;(b)整个焊接轴的温度分布。

图 8.14 所示的两组温度曲线显示,流速低于 7L/min 时气体保护不足,会导致氧化;在 0 和 5L/min 时上部曲线几乎重合,都是因为气体保护不足;下部的温度曲线与气体流量无关。单点式高温计也可用来检测不同类型的焊接缺陷,如图 8.15 所示。

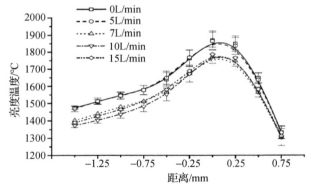

图 8.14 钛合金板 CO_2 激光对焊时,保护气体(氩气)流量的影响

(焊接参数:功率为 1.2kW,速度为 1.5m/min)

3)镀锌钢板 Nd∶YAG 激光搭接焊

(1)搭接焊。使用 HAAS 2006D 型 Nd∶YAG 激光,激光功率为 2kW,焊接速度为 2500mm/min 的工艺对 0.7～1.25mm 不同厚度的镀锌钢板进行搭接焊,间隙在 0～0.5mm 范围内变化。使用以下两个高温计:①12 波段的(在 1.001～1.573μm 的范围)单点(温度测量区域直径为 800μm)仪器,采样时间 50μs;②2D 单色高温计,测量区域为 2.65mm×2.65mm,并且每一个光电二极管的采样时间为 17μs。焊接过程的可视化由配备 InSb 传感器的 FLIR Phoenix

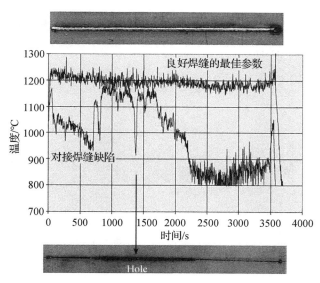

图 8.15 最佳条件下得到的板材焊缝及高温计的信号(上)和侧面的缺陷(下)

RDASTM 红外热像仪测量。

(2)测温信号的统计分析。首先测量平均亮度温度和其偏差用于焊接参数参考。基于 35 组测试数据分析,实验参数如下:焊接速度为 2500mm/min;激光功率为 2kW;在 1mm 厚镀锌钢板上搭接 0.7mm 厚的钢片;间隙为 0.2mm。

图 8.16 中是平均亮度温度及其标准偏差。选定区域的亮度温度平均值为 1917℃。高温计的波长为 1.38μm。对 3mm×3mm 的温度场在 1.7ms 内进行测量,测量频率为 77Hz。焊接区中间温度较低与激光束的空间分布("马蹄形")有关,中心最小值是周边的 20%(图 8.17(a))。可见,温度分布是相当稳定的:焊接区中心部分的温度偏差平均值小于 10℃(图 8.17(b)),比单色点高温计更小(图 8.16)。

2D 高温计每 100 个光电二极管可在超过 300μm 的区域以 17μs 的采样时间连续测量温度。对 2D 温度计,每个焊缝只保留 30 个图像用于进一步的分析。这些焊缝中间的连续图像,避免了瞬态效应。基于 30 个图像,对每个焊缝的平均图像进行定义。对 35 个平均温度场进行计算,最后基于 35 个相同的焊接实验对平均温度场进行定义,共测量 105000 次。

对单点高温计而言,每个焊缝则用 4kHz 频率下 2324 个的测量温度值来表征。也就是说,平均温度是基于 81340 个测量值来定义的。这两种方法主要区别是单点高温计的测量频率高出 52 倍,这意味着,对于存在焊接缺陷高准确度的温度检测,使用更高测量频率比具有较高的空间和时间分辨率的低频单独测量效果更好。

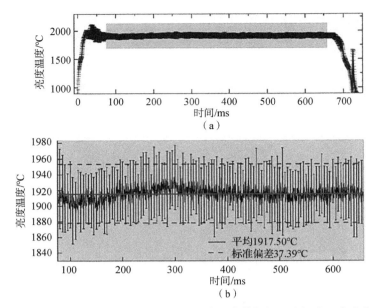

图 8.16 采用连续的 Nd：YAG 激光进行镀锌钢板搭接焊的温度演变
(a)总的焊接时间;(b)放大的中央部分显示了亮度温度和信号的标准偏差。

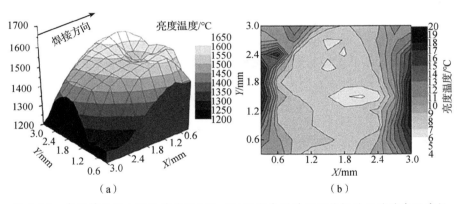

图 8.17 在镀锌钢板上通过连续的 Nd：YAG 激光器进行搭接焊的二维稳态温度场
(a)平均亮度温度;(b)信号标准偏差。

(3)镀锌钢板间的间隙变化。图 8.18 是焊缝的横截面,在图 8.18(a)中,板材间隙为零,因为不可能通过板材间的间隙排出蒸气,只能通过匙孔来完成,焊缝中存在深坑,在锌蒸气作用下熔化物质溅射。间隙值增大到 0.1mm(图 8.18(b)),锌蒸气通过板材之间的空间逸出,其对匙孔的不稳定性影响将减小。在 0~0.2mm(图 8.18(a)~(c))间隙尺寸时,穿透深度的增加可以通过锌蒸气强烈影响匙孔不稳定进行说明。当间隙进一步增大引发熔池的总体不稳定,也限制了穿透深度(图 8.18(d))。

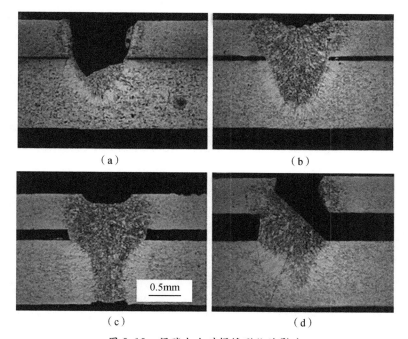

图 8.18　间隙大小对焊缝形状的影响

(a)间隙 0mm；(b)间隙 0.1mm；(c)间隙 0.2mm；(d)间隙 0.5mm。

（4）高温计信号与间隙之间关系的分析。间隙为 0 时，其亮度温度低于间隙 0.2mm 下的平均温度（1980℃）。可以观察到各种低振幅扰动，但不能确定特征频率。这些频率与锌蒸气从照射表面逸出而诱导的熔池自由面振荡相关，该结果与间隙 0.1mm 时是不同的，此时，焊缝的外观更好，凹坑的深度更小。焊接过程中，平均温度与间隙 0.2mm 时得到的参考值相接近。在参考条件下（间隙 0.2mm），可以获得贯穿的焊缝（图 8.19(a)），照射表面一侧的焊缝是凹

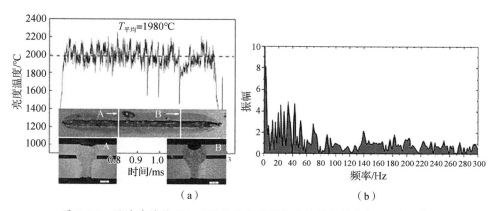

图 8.19　通过连续的 Nd：YAG 激光器焊接的镀锌钢搭接板（间隙适中）

(a)高温计记录和焊缝截面图；(b)通过傅里叶频率变换分析。

的(焊接接缝横截面 A 和 B 的图片)。通过高阶傅里叶变换得出低频分量信号的存在(图 8.19(b)),其对应于所述熔池的振荡模式,在两薄片焊接期间出现规律振荡(~33Hz),这明显和整个熔池的振荡模式相对应。

当间隙的大小超过基准值时,焊接就会失败(图 8.20(a),A 截面),此时,焊接只能在片材的一侧上进行(图 8.20(a),截面 B)。焊接时,其亮度温度低于其基准条件(间隙 0.2mm)的平均值。该信号可表征为整个熔池的低幅高频震荡。

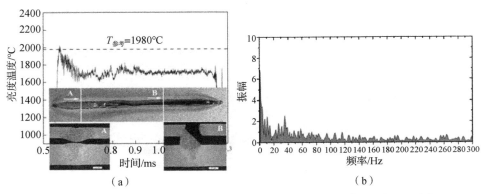

图 8.20 通过连续 Nd:YAG 激光器焊接镀锌钢搭接板温度(焊接间隙过大)
(a)高温计记录和焊缝截面图;(b)通过快速傅里叶频率变换分析。

(5)用红外摄像机进行光学监测

图 8.21 是红外相机测量结果,分别是焊缝横向和纵向的"温度场"及"温度"的分布。可以很容易地看到焊接开始和结束时的瞬态现象,如热影响区尺寸的增大,特别焊缝纵向温度"尾巴"的伸长,熔池中熔化物质的对流。可以较好地观察到喷射的液滴,也可检测到那些涉及熔池动力学的焊接缺陷。还可以根据操作条件对焊接过程的稳定性或不稳定性进行总体评估。

8.4.3 激光熔覆

1)侧向送粉 Nd:YAG 激光熔覆

应用 HAAS 2006 型 Nd:YAG(最大输出功率为 2kW),在侧向送粉的连续激光熔覆过程中,采用如下参数:①熔覆宽度 6mm 时,激光功率 $P=900\sim1800W$,熔覆速率 $v=2\sim6m/min$,送粉率 $F=9\sim42g/min$(粉末分布稳定状态最大旋转速度的 30%~70%);②熔覆宽度 300μm 时,激光功率 $P=200\sim400W$,速度 $v=0.3\sim0.75m/min$,送粉率 $F=2\sim4g/min$;③MEDICOAT 送粉机将粉末(输送气体为氩气)从两个独立通道通过防静电管输送到同轴喷嘴。

(1)基本熔覆参数变化的温度响应。在钢上进行钨铬钴合金传统激光熔覆时,激光功率(图 8.22、图 8.23)和送粉率的变化(图 8.24)会影响 2D 测温仪所

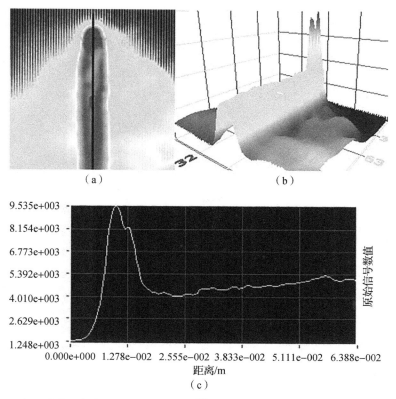

图 8.21 由红外线照相机 FLIR 凤凰 RDAS™ 拍的焊接区图像(焊接速度 2500mm/min;
激光功率 2kW;焊接间隙 0.2mm,厚度 1mm,重叠 0.7mm)
(a)焊缝灰色等级图像;(b)焊缝 3D 图像;(c)沿着焊缝的信号数值。

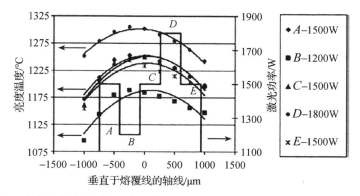

图 8.22 激光功率变化对 LC 成形钨铬钴合金钢整个熔覆焊道上温度分布的影响
(1200~1800W 之间 5 个阶梯,焊道宽度为 6mm)。熔覆参数:$v=3\text{m/min}, F=30\text{g/min}$

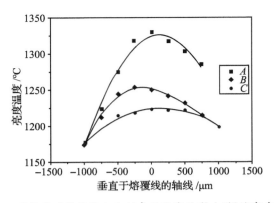

图 8.23 送粉率对钨铬钴合金钢表面温度的影响（焊缝宽度 6mm）
（熔覆参数：$P=1500\text{W}, v=3\text{m/min}$；A—$F=18\text{g/min}$；
B—$F=30\text{g/min}$；C—$F=42\text{g/min}$）

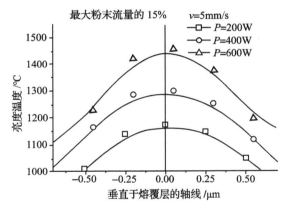

图 8.24 激光功率对钨铬钴合金钢熔覆层表面温度（2D 高温计（$\lambda=0.86\mu\text{m}$）亮度温度分布）的影响（300μm 熔宽）（熔覆参数：$v=0.3\text{m/min}, F=2.3\text{g/min}$）

检测的表面温度变化。

激光功率在平均值（1500W）的基础上逐步上下（±300W）变化，图 8.23 是温度分布曲线。从图 8.23 可以看出，高激光功率作用时的温度上升和低激光功率作用时的温度下降可以很好地被检测到。在±25%的范围内，亮度温度与激光功率的变化几乎成正比。这与预测表面温度随能量密度线性上升的线性热传递模型的结果十分吻合。

类似的实验分析了横跨焊缝的温度分布曲线与送粉速率的变化（图 8.23）。从热平衡可见，送粉速率越低，温度越高。亮度温度的变化量与范围在±20%变化的送粉率不成正比。粉末送进速率上升 20%时温度的下降量不如送粉速率降低 20%后温度的上升量，这是激光束与颗粒射流相互作用的结果，在颗粒密度较高时,这种相互作用更为强烈。图 8.23 右侧的两个温度曲线的交点表明,随着粉末进给速率的增加,光束与粉末之间的相互作用增强,有效热源的尺寸向右扩大。

图 8.24 显示了横向送粉条件下在钢表面激光微熔覆钨铬钴合金(熔覆焊道宽 300μm)后,激光功率对表面温度的影响,所得结果与上面讨论的结果类似。主要区别是低送粉速率限制了粉末束与激光的相互作用。因而,表面温度与激光功率的变化几乎成比例,熔覆边界的热影响区很容易识别。

(2)同轴粉末激光熔覆。实验设备包括 HAAS 2006D 型 Nd:YAG 激光器(最大输出功率 2kW),同轴送粉激光参数如下:2~4mm 的熔层宽度,矩形脉冲持续时间 20ms,熔覆平均功率 2000W,速度 8.3×10^{-3} m/s,送粉量 F 是 5~14g/s。为了尽量减少表面热化学对发射率变化的影响,熔覆过程中使用了氩气作为载流气体,其流量是 0.083L/s。

(3)粉末送给参数的优化。图 8.25 采用锥形粉末喷射技术对 Stellite+WC/Co(15% Co)熔覆层进行了二维温度测绘。图 8.25(a)中的非均匀温度分布清楚表明了入射条件调整不当。图 8.25(b)中的温度分布形状平滑且规则,说明熔覆条件已优化。

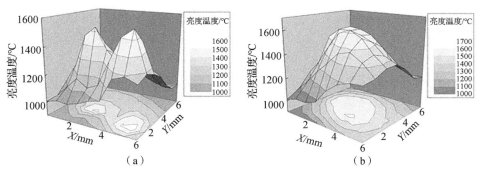

图 8.25　钨铬钴合金+碳化钨/钴(30%)钢基体的同轴 LC 二维温度场
(激光功率 2kW,速度 1000mm/min)
(a)非优化粉末条件;(b)优化粉末条件。

2)直接金属沉积中的光学监控

配备五轴机械手的同步送粉激光熔覆通常称为直接金属沉积技术(DMD)。基于 CCD 摄像头的诊断工具可用于飞行中颗粒的可视化、颗粒射流稳定性的控制以及飞行中颗粒速度的实时测量。光学监控可用于优化粉末注射的参数,尤其当同时送给不同性质(大小、密度等)的粉末用于产生多功能多材料涂层时。将高温计、红外相机的光学头直接固定在激光熔覆头上(图 8.26),在测量亮度温度时,高温计视区置于激光光斑的中心。

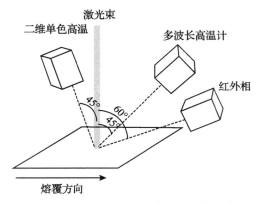

图 8.26 用于监控激光熔覆工艺的实验装置

(1)激光熔覆系统安装。在 S235 钢的基材上激光熔覆商用 Ti6Al4V 钛合金,金属粉末粒径 45~100μm。本研究采用 Trumpf DMD 505 商用工业 LC 装置。该机配备一个 5kW 的 CO_2 激光系统,可在 CW 和 PP 模式下工作。计算机控制的粉末喷射装置包括两个粉末进料系统,可原位混合不同的粉末并同时进行加工。激光束由一个抛物面铜镜以 230mm 焦距聚焦于被处理物的表面,形成圆形光斑。光束光斑直径为 5mm,能量密度分布为 TEM01。所有实验均在 LC 速度 $v = 0.3 \sim 1.4$m/min,激光功率 $P = 2 \sim 5$kW,粉末进料速率 $F = 30$g/min,载气流量 $G_c = 18$L/min 的条件下进行,涂层由单层激光熔覆而成,熔覆道与道之间的距离固定在 $p = 3$mm。

(2)激光功率的变化。图 8.27 显示了表面亮度温度的测量结果与激光功率的关系。对 2D 高温计的温度曲线的峰值比较(图 8.27(a))得出,激光功率变化 2 倍(2~4kW)会引起亮度温度约 25% 的增加。在激光功率分别为 5kW、

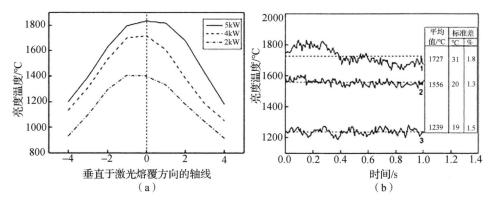

图 8.27 在 CO_2-LC 钛合金过程中,激光功率对 Ti6Al4V 合金上表面温度的影响
(a)2D 高温计($\lambda = 0.86$μm)亮度温度分布记录;(b)多波长高温计
记录的亮度温度、平均值和标准偏差(SD)($\lambda = 1.19$μm)。

4kW、2kW 时,熔覆轴线上温度值比例为 1∶0.93∶0.76,这表明,表面温度随入射激光功率呈非线性关系。用波长为 $\lambda=1.19\mu m$ 的多波长高温计测量光斑中心所得到的结果也证实了这一点(图 8.27(b))。

对应于激光功率为 5kW 时,亮度温度的最大值为 1850℃和 1727℃,这两个数据分别由 2D 和多波长高温计测得。结果发现温度值是稳定的:对所有的熔覆参数,其均方差都小于 2%。

(3)熔覆速度的变化。从图 8.28 可以观察到 LC 速度与温度变化呈现相反趋势。LC 速度从 0.7m/min 到 1.4m/min,导致由多波长高温计测得的亮度温度减少 15%(图 8.28(b))。从 0.7m/min 减少到 0.3m/min 则导致亮度温度 5%的增加。图 8.28(a)右边显示的较高温度值,表明了熔覆颗粒在待熔覆区域仍处于高温。

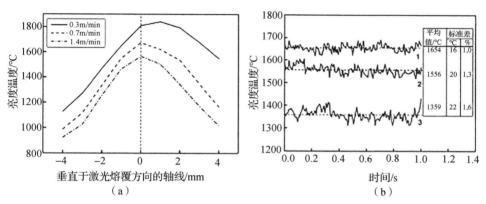

图 8.28 在 CO_2 激光焊中,喷嘴移动速度对 Ti6Al4V 合金表面温度的影响
(熔覆参数:$P=4kW$;$F=30g/min$)

(a) 2D 高温计($\lambda=0.86\mu m$)亮度温度分布记录;(b)多波长高温计记录的亮度温度、平均值和标准偏差(SD)($\lambda=1.19\mu m$)(包层的速度:1—0.3m/min;2—0.7m/min;3—1.4m/min)。

(4)红外线摄像机的应用。FLIR Phoenix RDAS™ 型红外热像仪应用于 LC 成形 Ti6Al4V 合金熔池的可视化。结果显示在图 8.29 中,可以看到,该技术能够获得整个熔覆焊道的二维稳态温度分布(图 8.29(a))和焊道界面温度曲线(图 8.29(b))。非单调的温度曲线表明了粉末喷射区的位置,其特征是温度值较低(图 8.29(b))。

(5)飞行中颗粒的监控。在使用基于 CCD 相机的诊断工具对粒子射流进行可视化时(表 8.2),软件保留了一定数量的轨道进行统计分析(图 8.30),保留的粒子在轨道的开始和结束处由两个点标记以计算轨道长度和粒子速度。典型的颗粒喷射速度分布如图 8.31 所示。粉末颗粒尺寸的高分散性导致颗粒速度在 6~13 m/s 的较宽范围内分布,在这个区域中,平均颗粒速度为(9.7±

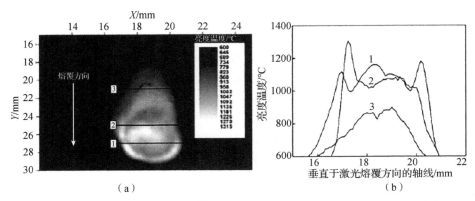

图 8.29　FLIR Phoenix RDAS™ 红外热像仪 FLIR Phoenix RDASTM 得到的
Ti6Al4V 合金的 CO_2-LC 二维稳态温度分布场(a)和整个熔覆焊道的温度曲线(b)
(工艺参数：$P=4kW; v=0.7m/min; F=30g/min$)

1.3)m/s。图 8.32 呈现了载气流量对粒子速度的影响，但应当注意的是，粒子的速度随离喷嘴距离的增加而增加。人们发现，载气的流速从 18L/min 降低至 10L/min 时，粒子速度下降了 20%，从 18L/min 至 30L/min 时，喷射速度增加 10%。一般情况下，粒子的速度可通过载气的流速控制在一定范围内，它可以通过优化 LC 工艺参数控制，但是存在一个临界气体流动速率，超过临界值后，粒子速度变化受限。

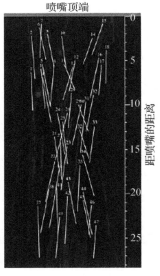

图 8.30　通过软件统计的粒子轨迹
（粉末注射参数：$G_c=18L/min$；
$F=11.5g/min$；AISI 431 粉）

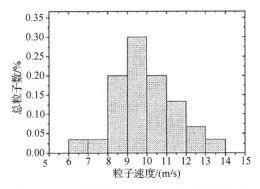

图 8.31　距离喷嘴 10～20mm 处的典型粒子
速度分布（粉末注射参数：$G_c=18L/min$；
$F=11.5g/min$）

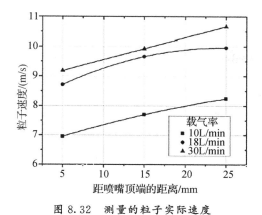

图 8.32 测量的粒子实际速度

（粉末注射参数：$F=11.5\text{g/min}$；AISI 431 粉）

3）多波长测温仪在脉冲周期 Nd：YAG 激光熔覆混合粉末中的应用

当粉末是不同组合的复杂混合物时，应用 MWP 测温复杂混合粉末 LC 具有特定条件：温度必须足够高，以保证金属基体的熔化，不应超过一定值，防止用于强化涂层的陶瓷颗粒（如 WC）发生热分解。如图 8.33 所示，在 CuAl 和 WC-Co(30%体积) 的 PPLC 过程中，MWP 用于还原真实温度。

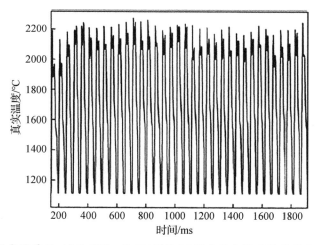

图 8.33 激光熔覆 CuAl 和 WC-Co(30%体积)混合粉末的实际温度及温度热循环

图 8.34 是一个单激光脉冲的详细热循环过程。可将温度变化划分为几个典型阶段：①激光脉冲开始时温度急剧上升；②在激光脉冲期间有几个不规则的温度波动；③脉冲结束后温度急剧下降；④Co 的凝固起始温度略高于其熔点；⑤Co 凝固结束后快速冷却。保持其他参数不变，当熔覆速度减小时（图 8.35），每个热循环（$T_{\min}$）的最低温度都超过了高温计的灵敏度阈值。

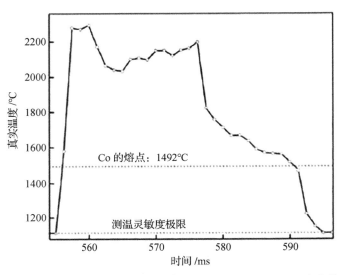

图 8.34　在 CuAl 和 WC‐Co(30％体积)钢的 PP LC(20ms 脉冲持续时间,矩形脉冲形状,2kW 平均功率,速度 500mm/min)过程中实际温度的单激光脉冲热循环

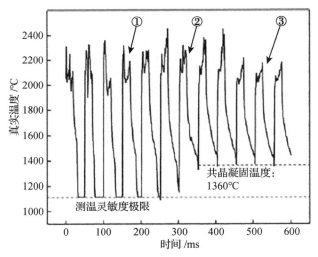

图 8.35　在 CuAl 和 WC‐Co(30％体积)钢的 PP LC 热循环演变
(20ms 脉冲持续时间,2kW 平均功率,速度 300mm/min)

比较图 8.36 呈现的对应于 3 个单脉冲系列(由数字 1～3 表示)的热循环,随着 T_{min} 的增加,熔化层的厚度增加,导致其凝固时间较长,Co 熔体中 WC 的扩散更强。

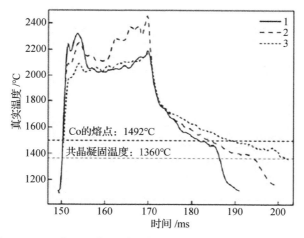

图 8.36 从图 8.35 提取的 3 个独立的热循环曲线之间的比较

8.4.4 选区激光熔化

1）使用独立的诊断工具进行 SLM 监测

选区激光熔化技术（SLM）是直接制造复杂金属结构的先进工艺。工艺参数对连续激光扫描线之间粉末层的厚度和移位的影响如图 8.37、图 8.38 所示。对激光作用区域横向温度进行连续测量，可以看到粉末厚度增加温度升高明显，这是由于基体吸收激光照射（图 8.37）造成的。随着连续激光扫描线之间的重叠，最高温度急剧下降，这是因为受到先前重熔层的影响，以及重熔粉末层的特性与原始粉末层相比存在很大差异（图 8.38）。

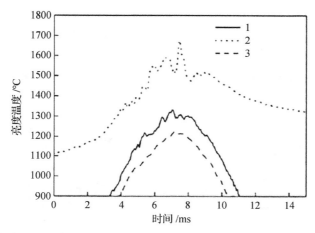

图 8.37 激光束交叉区域的温度变化（SS904L 粉末厚度：500μm、250μm、30μm，不锈钢 304L 基材。该实验使用 PHENIX PM100 机进行：激光功率为 50W，激光光束速度为 100mm/s，激光的扫描线之间的偏移为 100μm，采用 $\lambda=1.37\mu m$ MWP 测量）

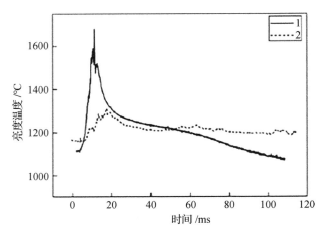

图 8.38　激光束交叉区域的温度变化(连续激光扫描线之间的变化是 1100μm、2200μm。该实验使用 PHENIX PM100 机进行:激光功率为 50W,激光光束速度为 100mm/s,SS904L 粉末的厚度为 500μm,采用 $\lambda=1.37\mu m$ MWP 测量)

SLM 流程可视化是通过一个配有 InSb 传感器的 FLIR Phoenix RDAS^{TM} 红外线摄像机 FLIR Phoenix RDASTM 实现的。相机瞄准矩形区域,采用接近激光束光斑大小的目标窗口进行扫描。采集时间为 50μs,窗口尺寸为 136×64 像素。

由熔化开始(图 8.39(a))和结束(图 8.39(d))的过渡现象可以清晰地看出,随着热影响区的尺寸增加特别是沿熔化线的温度升高,喷射的液滴也能清晰地观察到,借此可以判断不同工艺条件下熔融过程的稳定性和不稳定性。

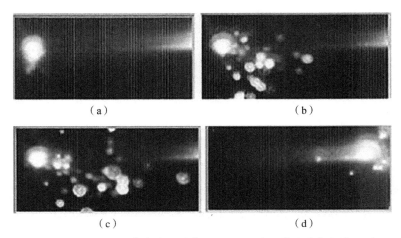

图 8.39　SLM 过程中灰度级图像(13.6mm 的远景区的大小是 6.4)
(a)激光扫描线的开始;(b)、(c)微爆炸和液滴飞溅;(d)激光扫描线的端部。

2)诊断工具与 SLM 设备的集成

通过开发监控系统来实现 SLM 过程的可视化和控制,该系统与工业 PHE-NIX PM-100 机集成在一起,可视化是利用光发射二极管(LED)照明和 CCD 摄像机实现的。可视观察系统(VOS)通过滤光镜和分色镜系统(约 10^{11} 对比度)有效地防止激光辐射与表面热辐射(图 8.40)。

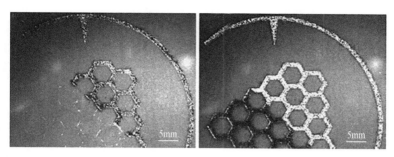

图 8.40 SLM 过程的可视化(INOX316L 粉末,层厚度为 50μm,激光功率为 50W)
(a)扫描速度 130mm/s;(b)扫描速度 120mm/s。

因为热循环持续时间不同,如图 8.41 所示,偏移量越少,扫描范围为 $1cm^2$ 的总持续时间就越长,平均温度随偏移量的减小而增加,这是由于输入 $1cm^2$ 的能量不同而导致热量积累的结果。

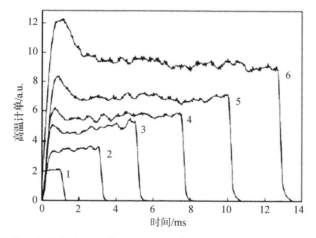

图 8.41 采用高温计信号对 $1mm^2$ 区域上的粉末扫描得到的连续激光光束偏移的演化(高温计试验中激光功率 32W,光束扫描速度 120mm/s,铬镍铁合金粉末平均尺寸 25μm,厚度 1mm,保护气体流速(N_2)20L/min。曲线 1 相应偏移为 1mm,曲线 2 为 300μm,曲线 3 为 180μm,曲线 4 为 120μm,曲线 5 为 90μm,曲线 6 为 70μm)

粉末层厚度是 SLM 另一个重要技术参数。相对较小的厚度(20~30μm)会导致制造精度高但生产效率低,反之亦然。高温计信号随粉末层厚度的增加而增加,这是粉末熔化和基板(或预先制造层)重熔之间能量平衡(图 8.42)的结果。

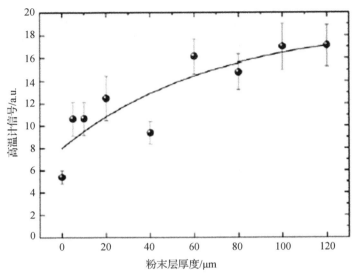

图 8.42 高温计信号随粉层厚度的变化

参考文献

[1] GRASSO M, DEMIR A G, PREVITALI B, et al. In situ monitoring of selective laser melting of zinc powder via infrared imaging of the process plume[J]. Robotics and Computer-Integrated Manufacturing, 2018, 49: 229-239.

[2] 梅雪松, 孙涛, 赵万芹, 等. 光学相干成像技术在激光加工过程实时监测与控制中的应用研究进展[J]. 机械工程学报, 2023, 15: 216-231.

[3] 史玉升. 激光制造技术[M]. 北京: 机械工业出版社, 2012.

[4] LUO M, SHIN Y C. Estimation of keyhole geometry and prediction of welding defects during laser welding based on a vision system and a radial basis function neural network[J]. International Journal of Advanced Manufacturing Technology, 2015, 81: 263-276.

[5] 谢冠明, 王三宏, 张跃强, 等. 基于光学相干层析的激光焊接熔深监测方法[J]. 光学学报, 2023, 43(11): 146-156.

[6] 吕思航. 基于 OCT 的激光焊接质量在线检测技术研究[D]. 吉林: 长春理工大学, 2022.

[7] DORSCH F, BRAUN H, KEßLER S, et al. Process sensor systems for laser beam welding[J]. Laser Technik Journal, 2012, 9: 24-28.

[8] YOU D Y, GAO X D, KATAYAMA S. Review of laser welding monitoring[J]. Science & Technology of Welding & Joining, 2014, 19: 181-201.

[9] 张永康. 先进激光制造技术[M]. 镇江: 江苏大学出版社, 2011.

第9章 新兴激光制造技术在未来工业中的应用

9.1 引 言

与传统加工技术相比,激光加工技术具有材料浪费少、在规模化生产中成本效应明显、对加工对象具有很强的适应性等优势特点,是现代制造技术中必不可少的工具,也具有在未来继续解决工业加工难题的潜力。当前,激光制造技术主要以提高产品质量、设计集成多材料和多功能组件,以及提高经济效益为目标。面临的主要问题是需要针对不断出现的制造新需求,开发更加新颖、精准而巧妙的激光加工技术。本文将详细介绍激光快速制造金属构件、激光表面处理、激光冲击强化、电弧-激光复合焊接以及激光金属切削等研究内容,并简要论述这些技术的工业适应性范围,以此来评估这项技术在未来制造业中的真正应用潜力。

9.2 激光快速制造

随着高速计算机、计算机辅助设计软件(CAD)、激光技术、分层制造技术的进步,目前激光制造领域已开辟了新的研究方向-激光快速制造技术(LRM),学术界称为"激光增材制造",大众和传媒界称为"激光3D打印"。图9.1为典型的激光快速制造设备的一部分,该系统由一个横向同轴送气、连续波形的3.5kW激光器组成,系统主要集成了光束传递系统、送粉器和五轴数控工作台。

国内外对于LRM技术的工艺研究主要集中在如何改善组织和提高性能方面。美国OPTOMEC公司和Los Alomos实验室、欧洲宇航防务集团EADS等研究机构针对不同的材料(如钛合金、镍基高温合金和铁基合金等)进行了工艺优化研究,使成型件缺陷大大减少,致密度增加,性能接近甚至超过同种材料锻造水平。

在国内,北京航空航天大学主要研究了钛合金零件的LRM工艺,并通过热处理制度的优化,使钛合金成型件组织得到细化,性能明显提高,成功应用于飞机大型承力结构件的制造。西安交通大学等则通过单道-多道-实体递进成

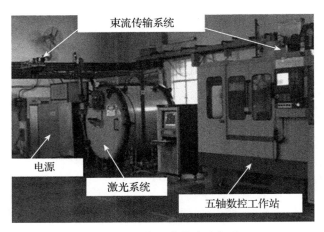

图 9.1 激光快速制造设备图

型试验,研究了工艺参数对铁基合金和镍基合金材料成型件的尺寸精度、微观组织和力学性能的影响规律,并实现了对成型零件的精确成型和高性能成型一体化"控形控性"制造。表 9.1 概述了一些典型的 LRM 工业应用例子。

表 9.1 激光快速制造技术的工业应用实例

序号	应用	材料
1	高压燃气轮机叶片匣,封严装置,涡轮机叶片	镍铬耐热高温合金
2	海上钻井钻头的零部件	CrC 铸铁、Cr 铸铁、Ni 铸铁
3	汽缸和阀	铸铁
4	汽车零部件	Stellite,Triballoy T-800
5	涡轮叶片,犁形叶片	Stellite 6,Stellite SF
6	柴油发动机阀	Stellite 6
7	螺杆式塑料挤出机	LC2.3B(镍基),铝青铜
8	深拉工具(铸铁 GGG60)	Stellite SF6
9	先进的汽轮机叶片	Stellite 6,Stellite 6F
10	内燃机阀(x45CrSi9)	Triballoy T-800
11	锻压模具	Stellite 6
12	叶面热涂层	Inconel 625 + CrC
13	阀座	410 型不锈钢
14	不锈钢密封流道	Stellite 6
15	内燃机阀(X45CrSi9)	Stellite 21
16	螺杆式塑料挤出机(14CrMoV69)	镍铬铝-Y
17	铸模(45NiCr6)	钴铬-W-C

（续）

序号	应用	材料
18	大型柴油发动机排气阀（NiCr20AlTi～DIN2.4952）	Ti-6Al-4V+立方氮化硼
19	凸轮轴,压气机叶片（Ti-6Al-4V）	Stellite 6
20	闸阀（AISI304）	镍铬合金
21	吹气成型模	PWA 合金 694
22	用于生产玻璃瓶的模具	Stellite 6、Colmonoy 5

图 9.2 展示了一些通过激光快速制造的复杂形状部件。图 9.2（a）为 50mm×15mm×0.8mm 厚的 316L 不锈钢叠层（SS316L）。图 9.2（b）是一个在脉冲激光模式下激光快速制造的镍基高温合金的简易支架（尺寸：40mm，底座直径×60mm 高）。图 9.2（c）和（d）是激光快速制造的 316L 不锈钢叶轮状几何体（尺寸：45mm，底部直径×12mm 高）。

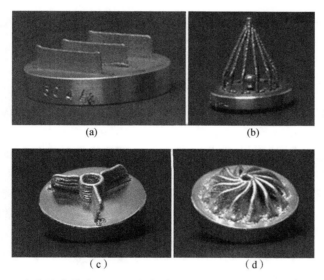

图 9.2 激光快速制造 316L 不锈钢叠层（a）、Inconel-625 简易支架（b）、三叶片叶轮（c）和 316 不锈钢组成多叶片叶轮（d）

9.2.1 镍基合金-6 衬套激光快速制造

镍基合金"Colmonoy"，具有出色的耐磨性、高温下的高硬度和低诱导放射性，可用于核电站奥氏体不锈钢部件的硬面堆焊。传统上，这些衬套是由铸造/焊接熔覆后再加工制成的。然而，高成本低产量的制造使得它成为一个望而却步的选择。这些定制的 Colmonoy-6 衬套可以由激光快速加工代替传统的加工。

图 9.3 为激光快速制造 Colmonoy-6 衬套的加工过程。激光快速制造后，将制件埋在沙里 8h 以上，以达到低速率的冷却速度。实验表明，Colmonoy-6 衬套无裂纹，尺寸误差为 0.2~0.5 mm，表面粗糙度在 25~40μm 范围内。这项研究表明，LRM（激光快速制造）可以是制造 Colmonoy-6 衬套的一种经济有效的替代技术。相对于其他的技术，这种加工技术在节约 Colmonoy-6 的成本和减少硬质材料机加工量方面具有显著的优越性。

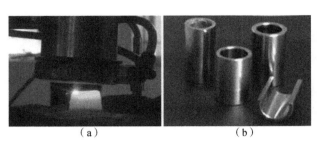

图 9.3 激光快速制造 Colmonoy-6 衬套(a)和最终机加工后的衬套(b)

9.2.2 激光快速制造低成本刀具

鉴于碳化钨（WC）粉末的高成本及其需求不断增长，有必要开发一种低成本的修复技术和新的碳化钨切割刀具的制造技术。图 9.4 所示为激光快速制造 WC-Co 沉积层的微观组织，其中未熔化的碳化钨颗粒均匀地分散在钴基体中。基于能量色散谱（EDS）分析和对母材与覆层界面间显微硬度测试表明母材与覆层间的元素成分和硬度的平稳过渡，如图 9.5 所示。这些都是避免局部应力集中的理想特征，可增强在冲击载荷下的抗破坏性。在激光熔覆区域的显微硬度（在 1000g 载荷下显微硬度为 1250~1700HV）与常规 WC-Co 试样相当。

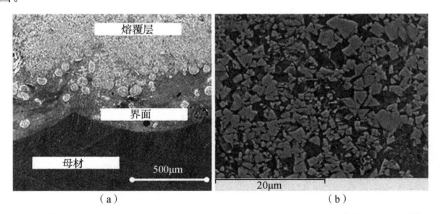

图 9.4 基底和覆层界面的横截面(a)和 WC-Co 沉积微观结构的背散射电子图像(b)

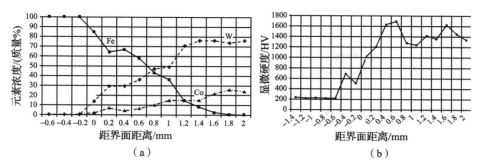

图 9.5　EDS 浓度(a)和通过 LRM 在 WC-Co 沉积 C40 不锈钢
基体-覆层界面间的显微硬度分布曲线(b)

最优参数下的激光快速制造也应用于其他低成本工具的加工。它涉及在低碳钢棒上沉积硬质合金以制造切削工具,如图 9.6 所示。这种切削工具被用来切削 316 型不锈钢。相对于常规加工的刀具,用这些廉价的 LRM-制造刀具的切割质量与常规刀具相当,而刀具寿命比常规刀具长 80%。

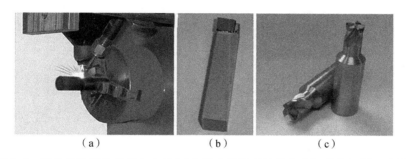

图 9.6　激光快速制造低成本工具(a)和激光快速制造单点(b)、多点切割工具(c)

9.2.3　激光快速制造多孔材料

激光快速制造作为一种逐层制造的技术,具有在需要的点处选择性地沉积材料的独特能力。不同的 LRM 策略可以用来制造孔隙率不同但材料相同或孔隙率相同但机械性能不同的材料。正在研究多孔材料的 LRM(激光快速制造)的各种策略,包括十字薄壁制造方法、递归球沉积法等。在十字薄壁制造方法中,每一沉积层的熔敷轨迹都与前一层的熔敷轨迹相垂直,而在递归球沉积法中,多孔结构是通过使用脉冲模式激光以预定方式将小球一个接一个地沉积而形成的。图 9.7 展示了 LRM 策略示意图。

在 LRM 中,加工参数激光功率(P_L)、扫描速度(V_s)和送粉速率(m_p)在熔覆层轨迹形成中起着重要的作用。这 3 个参数的影响实际上可以看作两个参数,即横向单位长度上的激光功率($E_L = P_L/V_s$)和横向单位长度送粉率($m_p/$

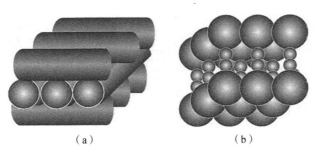

图 9.7 激光快速制造示意图
(a)十字交叉薄壁的制造;(b)递归球沉积。

$L = m_p/V_s$)。上述两个相邻的熔覆层轨迹之间的距离,可以用于跨薄壁制造方法中生产具有不同孔隙率的材料。两相邻轨迹间的距离(x)和每个轨迹的宽度(W)的比值称为"横向截面指数",其示意图如图9.8所示。

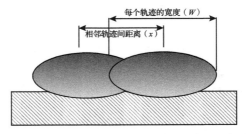

图 9.8 定义"横向进给指数($i = x/W$)"激光沉积轨迹示意图

通过使用盒式贝肯阵列实验评估了工艺参数对激光快速制造 Inconel-625 中孔隙率的影响。工艺参数的范围为 $E_L = 150 \sim 300$ kJ/m,$m_p = 16.67 \sim 36.67$ g/m 和 $i = 0.7 \sim 1.3$。采用上述工艺参数,并对实验结果分别进行方差分析(ANOVA)。m_p/L、i、E_L 方差的 F-检验参数计算结果分别是 155.372、5.631 和 0.761。这些计算表明,m_p/L 是研究控制孔隙率工艺参数中最主要的一个。在 m_p/L 之后是"i",i 贡献效率,而 E_L 作为一个独立的参数对孔隙率几乎没有影响。用工艺参数表示的表面孔隙率推导关系如下所示:

孔隙率(%) = $14.284 - 0.12105 \times E_L + 0.2432 \times m_p/L - 6.9277 \times i + 1.379 \times 10^{-3} \times E_L \times m_p/L + 0.0811 \times E_L \times i - 0.2196 \times m_p/L \times i$

上述关系式清晰地表明,激光快速制造多孔结构的孔隙率随着 m_p/L 和 i 的增加而增加,同时,它基本上不受 E_L 的变化影响。图 9.9 给出了上述实验中具有代表性的关系,按照上面给出的方程式,横向单位长度激光能量率=225kJ/m,表明横截面指数和单位长度的送粉量对孔隙率的影响。

图 9.10 展示了不同沉积速度下,激光快速制造的 Inconel-625 构件在 3 个不同横截面上具有代表性地反映孔隙率的光学显微图。在同一试样上不同

1.2
横向横截面指数
1.0
0.8
10
5
孔隙度/%
20
25
30
35
每单位长度的送料量

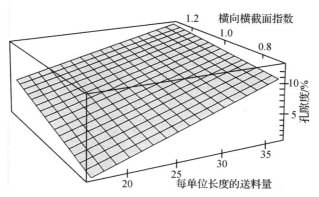

图 9.9　横截面指数和单位长度送粉量对孔隙率的影响

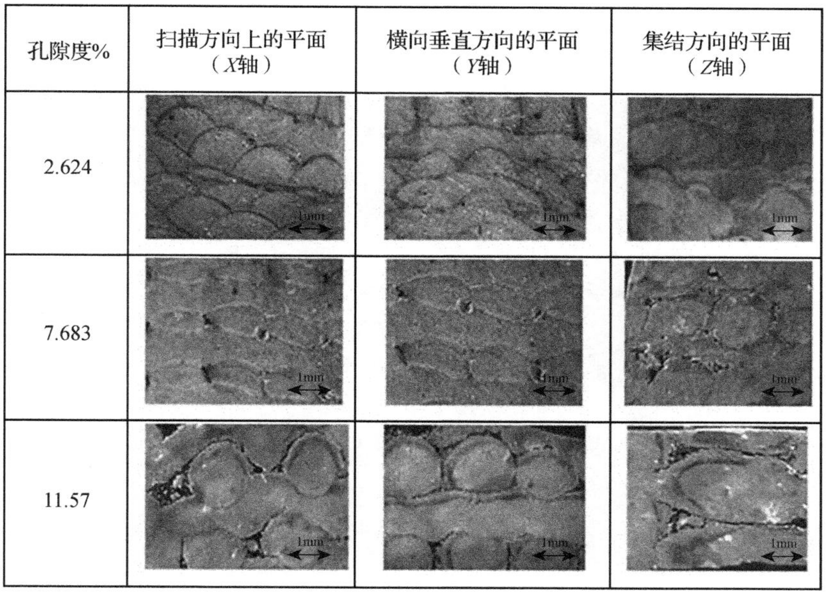

孔隙度%
扫描方向上的平面（X轴）
横向垂直方向的平面（Y轴）
集结方向的平面（Z轴）
2.624
7.683
11.57
1mm

图 9.10　激光快速制造 Inconel—625 结构的 3 个不同横截面典型孔隙率的光学显微图

位置的孔隙的大小不一样，并且可以看出平均体积孔隙率随孔隙的大小增加而增加。孔隙的形状和大小在 3 个不同平面上都不同，这表明，所得到的多孔结构在机械性能上存在各向异性。在垂直于 X 轴和 Y 轴平面上的孔隙的形状和大小基本相同。

图 9.11(a)和(b)分别为激光快速制造多孔结构的图片，由十字薄壁策略制作，并且在相同的压缩试验中分别获得典型的工程应力-应变曲线图。在曲线的初始部分(OA)，在小压应变条件下，应力急剧增加，这是一个具有小量塑性变形的弹性变形区。在最初的应力急剧增加之后，主要与孔隙度封闭有关的塑

性变形状态发生变化。在塑性变形稳定区,曲线(BC)的斜率增加,这也表明着在前一阶段(AB),材料发生了致密化。由于材料的流动,孔隙被压缩并且几乎充满材料。材料的这种塑性流动导致了应力-应变曲线中的稳定区。

(a)

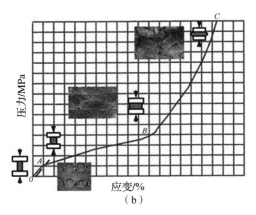
(b)

图 9.11 激光快速制造 Inconel-625 多孔结构(a)和多孔结构压缩试验中获得的典型工程应力-应变曲线(b)

图 9.12 给出了激光快速制造 Inconel-625 多孔结构的压缩屈服强度与沿着 3 个不同方向孔隙率之间的函数。它也表明了激光快速加工多孔材料在机械性能上存在各向异性。

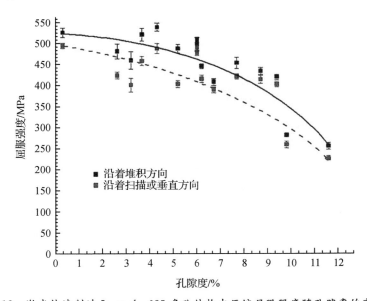

图 9.12 激光快速制造 Inconel-625 多孔结构中压缩屈服强度随孔隙率的变化图

9.2.4 双金属元件的激光快速制造

1) 双金属壁和管状套筒的激光快速制造

LRM 制造双金属壁和管状套筒采用内部开发的 CW CO_2 激光器,配一台数控工作台。双金属壁一边为 SS 316L,另一边为司太立-21 合金(St-21),而管状结构由内侧的 St-21 和外侧的 SS 316L 组成。所使用粉末的化学成分如表 9.2 所列。

表 9.2 LRM 使用的粉末化学成分

材料	C	Cr	Ni	Mn	Si	Mo	Fe	Co	P	S
SS 316L	0.025	18	12	1	0.5	2	Bal.	—	0.03	0.02
St-21	0.26	26.3	2.8	0.65	1.88	5.53	1.4	Bal.	—	—

图 9.13 为采用 LRM 制造双金属壁和管状结构的方法示意图,以及所制造零件的图片和相关宏观结构图。激光快速制造双金属壁涉及 SS 316L 和 St-21 两相邻覆层轨迹的交替沉积,在中心存在小面积的重叠,如图 9.13(a)所示。两个独立的粉末供料器,位于该入射激光束的两侧,在实验过程中分别用于输送 SS 316L 和 St-21 粉末。双金属壁和它的宏观结构图分别如图 9.13(b)和(c)所示。对双金属壁相对侧熔覆层之间进行腐蚀对比,如图 9.13(c)所示,图中显示它们的化学成分不同。

另一方面,双金属管的激光快速制造(LRM)使用一个同轴的送粉喷嘴。其目的是为了在每一层上沉积 4 个局部重叠的同心圆。两个内部的熔覆层轨迹用 St-21 粉末沉积,而两个外部的熔覆层轨迹用 SS 316L 粉末沉积,如图 9.13(d)所示。如根据图 9.13(e),双金属管的最终尺寸为 25mm 的内径、壁厚为 3.8mm。对双金属管的横截面进行深度腐蚀对比,如图 9.13(f)所示,由图可见界面间的化学成分差异巨大。

此外,如图 9.14 所示,LRM 还制造了一根内径为 34mm、壁厚为 2mm、内部阶梯为 St-21(高 1.5mm、宽 6.5mm)的 SS 管。这种结构可用于制造需要在特定位置插入硬面内衬的部件。这表明,LRM 有能力为关键部件增加悬挂功能。

如图 9.15 和图 9.16 所示,相对于双金属壁,管状衬套在其壁厚上的化学成分和显微硬度呈逐渐转变的趋势。这种双金属结构可以应用于中子快速增值反应堆中,在管状不锈钢结构上内衬硬质司太立合金,以增加其耐冲击性。在热交换器中,工程化应用的双金属管,其内衬外壁都能最大限度地抵抗对应介质的侵蚀。

2) 激光快速制造成分梯度结构

本研究使用自制的 CW CO_2 激光器,研究了成分分级对 SS 316L 和 St-21

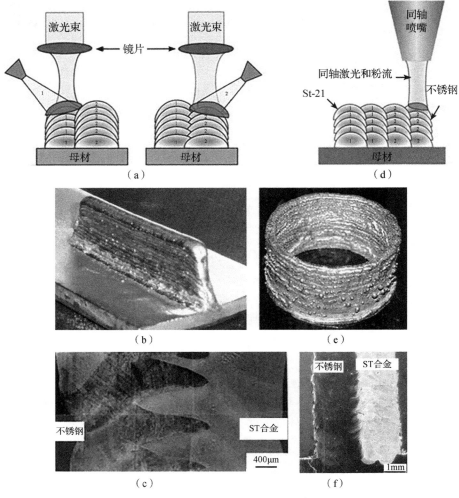

图 9.13 LRM 方法制造的双金属壁(a)和双金属管(d);其中(b)和(e)为宏观形貌,(c)和(f)为对应微观组织

图 9.14 激光快速制造具有内部梯度的 St-21 不锈钢管

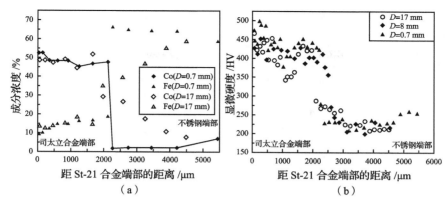

图 9.15 Co 和 Fe 的 EDS 浓度分布曲线(a)和激光快速
制造双金属壁壁厚横向的显微硬度曲线(b)

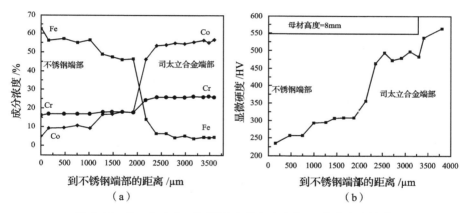

图 9.16 Co、Cr 和 Fe 的 EDS 浓度分布曲线(a)和由激光快速
制造双金属管壁厚横向的显微硬度分布(b)

激光熔覆接头断裂行为的影响。在不锈钢 316L 直接熔敷 St-21 覆层的试样和梯度沉积 St-21 的试样分别称为"直接熔覆"和"梯度熔覆"试样。图 9.17 为"直接熔覆"和"梯度熔覆"试样界面区微观组织以及对应位置成分分布曲线的对比图。对比腐蚀后的底层母材(不锈钢 316L),激光熔覆试样的横截面呈现典型的铸态组织,标志着在整个不锈钢 316L/St-21 界面化学成分的转变。对比"直接熔覆"试样,"梯度熔覆"试样界面区扩大,呈现从母材(不锈钢 316L)的锻造微观组织向熔覆层的铸态组织转变,分别如图 9.17(a)和图 9.17(b)所示。相比之下,"直接熔覆"试样的界面产生了约 30μm 厚的部分融化区(箭头标示)和一层薄的平面凝固区域,如图 9.17(a)所示。对比直接熔覆试样,梯度熔覆试样沿着熔覆沉积的厚度方向,化学成分递增明显。

将"直接熔覆"和"梯度熔覆"试样做进行拉伸测试时,拉伸结果如表 9.3 所

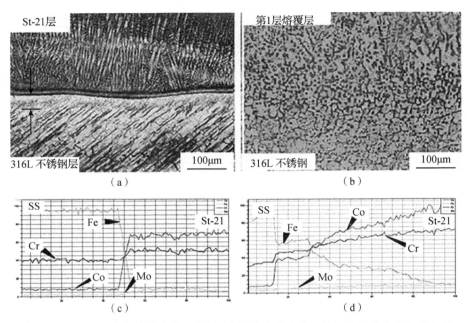

图 9.17 （a）、（c）直接熔覆和（b）、（d）梯度熔覆试样的界面区微观结构和相关成分的 EDS 分布曲线（箭头标记为部分熔化区（PMZ）；（c）的 EDS 线扫描长度为 1.4mm； （d）的 EDS 线扫描长度为 5mm；SS：不锈钢；St-21：St-21 覆层区）

列。平滑试样断裂发生在较软的区域（即锻造不锈钢），在 600～630MPa 拉应力下，试样产生了明显的塑性变形，图 9.18(a)中含韧窝的断裂面也证实了这一点。另一方面，在 950～968MPa 的较高应力下带缺口的试样在 St-21 覆层区域沿着枝晶间界面（参见图 9.18(b)）发生脆性断裂）。

表 9.3 对激光熔覆复合接头的拉伸试验结果

试样	抗拉强度/MPa	失效部位
直接熔覆（光滑测量部分）	600～630	锻造不锈钢
分级熔覆（光滑测量部分）	600～630	锻造不锈钢
激光沉积 St-21 有缺口的试样	950,955,968	St-21（覆层）
直接熔覆（在基体/覆层界面有缺口）	717,748,754	基体/覆层界面
梯度熔覆（在基体/覆层界面有缺口）	679,706	分层界面

在中等应力水平下（表 9.3），带缺口试样断裂发生在界面区域，而断裂明显不同于"直接熔覆"和"梯度熔覆"试样中的裂纹扩展模式。带缺口的"直接熔覆"试样的断口表面表明，富 Fe 区产生韧性断裂（表现出韧窝），而在富 Co 区（图 9.18(c)）沿晶脆性断裂。相比之下，带缺口的"梯度熔覆"试样的断口表面则表明其产生准解理断裂，如图 9.18(d)所示。

激光熔覆试样的冲击试验（按照 ASTM E23）表明成分梯度改变了复合材料的断裂行为。冲击试样设计促进裂纹从不锈钢（SS）向 St-21 扩散，如图 9.19 所示。虽然"直接熔覆"和"梯度熔覆"试样的断裂消耗了大致相同的冲击能量（分别为 32～37J 和 35～37J），然而，这两个试样的载荷位移曲线表明在全面屈服后裂纹传播的模式明显不同（参照图 9.19）。

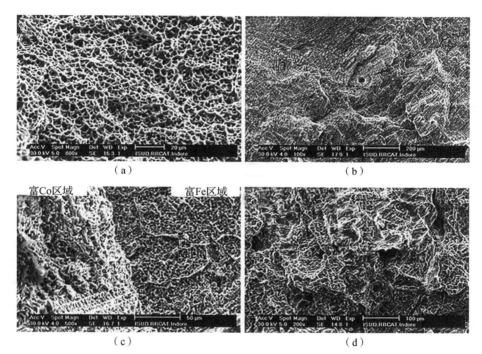

图 9.18　SS/St-21 接头拉伸试验试样断口 SEM 图
(a)光滑试样～断裂在锻造 SS；(b)缺口试样断裂在 St-21 区；(c)带缺口的"直接熔覆"试样断口区；(d)有缺口"分级熔覆"的试样断裂在界面区。

表 9.4 列出了"直接熔覆"和"梯度熔覆"试样在裂纹萌生和扩展过程中消耗的夏比冲击能（Cv）分数（根据图 9.19 得出）。SS/St-21 界面上的成分分级增加了裂纹扩展能量的比例，但却牺牲了萌发能量。

表 9.4　激光熔覆复合试样的示波冲击试验结果

直接熔覆（C_v=32～37J）		梯度熔覆（C_v=35～37J）	
起始能量（% C_v）	传播能量（% C_v）	起始能量（% C_v）	传播能量（% C_v）
93.6	6.4	84	16
96.6	3.4	79.3	20.7
97.7	2.3	79.2	20.8
96.3	3.7	—	—

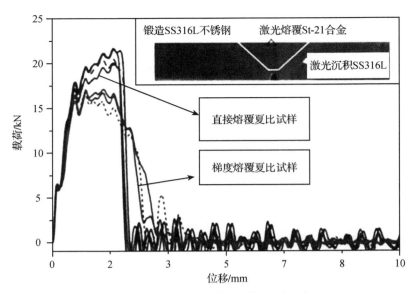

图 9.19　示波冲击试样的载荷-位移曲线图

对冲击试验试样进行扫描电子显微镜断裂图检查显示 SS 部分的断裂面（缺口前方）与等轴凹陷有关，而 St-21 部分则沿树枝状晶间边界表现出脆性断裂的特征，如图 9.20(a)所示。另一方面，梯度熔覆试样的界面区域的断裂表面呈现出混合断裂特性(图 9.20(b))。根据研究结果能够推断，成分的梯度引起裂纹扩展模式的改变（从不锈钢到 St-21），即从"直接熔覆"试样中的起始控制断裂转变为"梯度熔覆"试样中的扩展控制断裂。

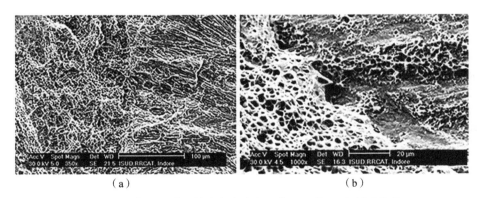

图 9.20　直接熔覆试样冲击试验断口表面形貌(a)和梯度熔覆试样冲击试样断口表面形貌(b)

9.2.5　激光快速制造 Inconel-625 和 316L 型不锈钢构件的力学性能

任何制造工艺(本例中为激光快速成型)要想获得产业界认可,就必须建立由该工艺制造结构完整性的鉴定数据。本研究的目的,是解决上述提到的激光快速制造结构关键机械性能的问题(如疲劳裂纹扩展和断裂韧性)。目前研究所用的紧凑拉伸(CT)试样制造的各阶段包括:①在 304L 不锈钢块加工 V 形槽-用做衬底(图 9.21(a));②通过 LRM 对 V 形槽区域进行填充(图 9.21(b)和(c));③加工试样块,使裂纹扩展发生在激光加工区域(图 9.21(d))。疲劳裂纹扩展速率(FCGR)和断裂韧性试验主要在激光快速制造的 Inconel-625(IN-625)和 SS 316L 结构的 CT 和单边缺口弯曲(SENB)试样上进行。

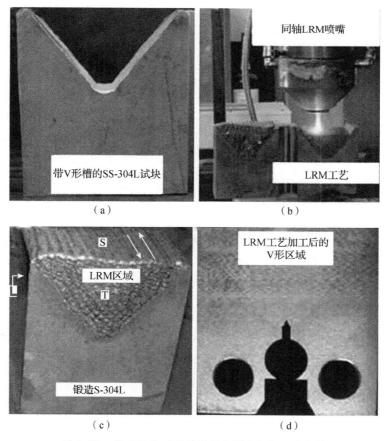

图 9.21　紧凑拉伸测试试样的 LRM 包含不同阶段
(a)带有 V 形槽的原始不锈钢(SS)块;(b)经过 LRM 填满 V 形槽;(c)激光沉积不锈钢块-箭头表示激光光栅扫描方向;(d)机械加工的 CT 试样。

按照 ASTM E647 标准进行疲劳裂纹扩展试验。FCGR 试验后的同一试样,按照 ASTM E1820 标准评估断裂韧性。经测试 IN-625 的应力强度范围在 $14\sim38\mathrm{MPa}\cdot\mathrm{m}^{1/2}$,SS 316L 的应力强度范围在 $11.8\sim24\mathrm{MPa}\cdot\mathrm{m}^{1/2}$。研究发现,激光制造 IN-625 的疲劳裂纹扩展速率 ΔK 在 $14\sim24\mathrm{MPa}\cdot\mathrm{m}^{1/2}$ 时,比文献中所报道的值低,而超过这个范围趋向于和图 9.22(a) 中所看到的一致。另外,激光快速制造 SS 316L 的 FCGR 相当接近文献中锻造件的值,对应于图 9.22(b)。

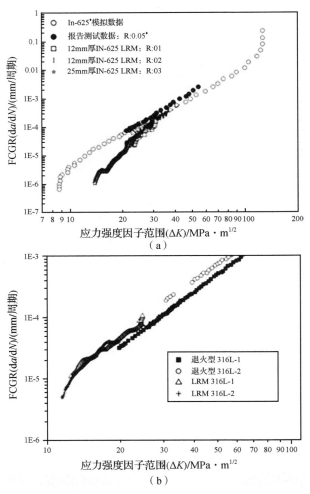

图 9.22 对比实验和文献中 Inconel 625(a) 和 SS 316L(b) 的疲劳裂纹扩展速率

激光快速制造 SS 316L 试样的断裂韧性值(包括 J_{Ic} 和 CTOD),虽然低于其相应的锻造值,但也与相应的焊缝金属的值相吻合。LRM 制造的 IN-625 夏比冲击试样,其冲击功为 $46.5\sim49\mathrm{J}$,而在沉积后经过 1223K 退火处理,其冲击功有所提高,达到了51.6~54J(表9.5)。

表9.5 IN-625结构的夏比冲击试验结果

LRM下裂纹扩展所需C_v	冲击能量的能量的分数/J	裂纹萌生所需的能量分数(%C_v)	裂纹扩展所需的能量分数(%C_v)	LRM+退火(1223K/空冷)C_v冲击能量/J	裂纹萌生所需的能量分数(%C_v)
47.9	36.5	50.6	49.4	51.7	63.5
48.5	35.7	51.6	48.4	51.6	64.3
46.5	35.7	49	51	52.3	64.6
48.5	36.8	52	48	52	63.2
46.8	35.7	51	49	53.2	64.3

9.2.6 结果预测

本研究的结果表明,LRM可以作为一种功能性金属零部件制造的替代方法,生产包括单/多材料,有/无成分梯度的材料。低成本刀具的制造和易磨损零部件的翻新是基于激光制造的其他潜在应用。多孔结构材料制造领域所取得的成果有利于在工程/假肢方面找到合适的应用。

9.3 激光表面重熔处理增强奥氏体不锈钢的抗晶间腐蚀能力

奥氏体不锈钢尽管具有优异的全面耐腐蚀性,但特别容易发生局部腐蚀,包括裂缝、点蚀、晶间腐蚀(IGC)和应力腐蚀开裂(SCC)。

9.3.1 304不锈钢的激光表面处理

本试验采用自主研发的10kW CO_2激光器,以连续波(CW)和脉冲模式对304不锈钢进行激光表面重熔处理。经过激光表面处理和未处理的不锈钢试样在923K温度下,经过9h的热敏处理。电位动力学测试的测试结果如表9.6所列,未处理的母材金属试样的DOS值低(0.36)。然而,经过致敏热处理后,母材金属试样的DOS值增加到4.52,这表明其具有高的致敏性。与此相比,激光表面重熔(LSM)试样的DOS不受致敏热处理的影响。激光表面重熔不锈钢试样致敏热处理后,其敏化程度范围为0.1~1。结果表明,即使在经过剧烈的致敏热处理后,激光重熔表面也没有敏化。图9.23为致敏热处理母材金属(HT-BM)和热处理激光表面重熔(HT-LSM)不锈钢试样的DL-EPR对比图。

对按照ASTM A262方法B测试所得试样上的横截面金相,可以看出"HT-BM"和"HT-LSM"试样的IGC敏感性明显不同。"HT-BM"试样表面出现起始的IGC,而"HT-LSM"试样表面不受影响,如图9.24所示。这表明,经过激光表面熔覆处理的试样比未处理的母材金属具有更优的 IGC 抗性。

表 9.6 基体金属和激光处理试样的 DOS 百分比率

试样	原始态/激光处理态	经敏化热处理后
基体金属	0.36	4.52
激光处理-1	0.09	0.11
激光处理-2	0.24	0.33

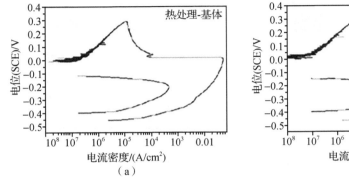

图 9.23 经热处理的基体金属(a)和激光处理试样的 DL－EPR 曲线(b)

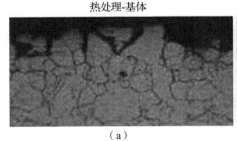
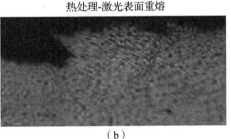

图 9.24 致敏热处理后基体金属(HT－BM)的横截面图(a)和在致敏热处理过激光表面重熔(HT－LSM)不锈钢 ASTM A262 B 标准试样的横截面(b)

对母材金属和经过激光重熔处理试样进行电子背散射衍射分析,图 9.25 显示了"BM"试样和"LSM"试样的 GBCD 测试结果。结果表明,在母材金属中小角度晶界的占比是 0.04,在经过 LSM 处理后增加到 0.13～0.19。鉴于当前实验获得的结果,可以发现 CO_2 激光表面重熔处理后 304 奥氏体不锈钢的抗敏化和 IGC 的能力有较大的提高。

9.3.2 316(N)型不锈钢焊缝金属的焊后激光表面处理

对于激光表面重熔试验,使用直径为 3.5mm 的改性 E316－15 焊条,采用自主研发的 10kW CO_2 激光器,使用高频脉冲模式。激光处理的试样随后进行固溶

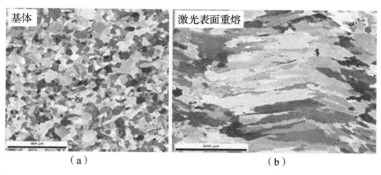

图 9.25　典型试验条件下基体金属(a)和激光处理(b)的试样晶界特征分布

退火处理,2h 内从室温升高到 1323K,保温 1h,随后以 65K/h 的冷却速度冷却到室温。表 9.7 总结了激光处理试样的性能结果。图 9.26 比较了 WM 直接退火和 WM 经激光表面重熔后再退火试样的微观结构,该图清晰显示了经激光处理后的固溶退火区(简称 LSM+SA)呈断续网状碳化物(二元结构),相比之下,焊缝金属直接在固溶退火后(简称 WM+SA)呈现网状碳化物。研究表明,LSM 处理的表面微观结构在以 65K/h 缓冷速率下固溶退火处理中不会导致 WM 致敏。

表 9.7　ASTM A262 实践 E 测试结果

试样	测试试样编号	结果
WM+SA	2	断裂
WM+LSM+SA	2	未断裂

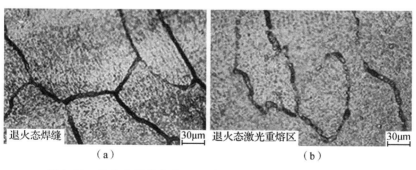

图 9.26　退火态焊缝金属(WM+SA)(a)和退火态激光处理区
(LSM+SA)(b)的微观显微组织

9.3.3　304 不锈钢的焊前激光表面处理

为了抑制 304 不锈钢 GAT 焊接热影响区中的敏化,发明了一种新的焊前激光表面处理方法,包括:①对受热影响区(顶部和底部表面)进行 LSM 处理;②将一块经 LRM 处理和另一块未处理的试样进行 GTAM 对焊,如图 9.27 所示;③比较未处理的和经过激光处理的热影响区中相关的微观结构、致敏性的

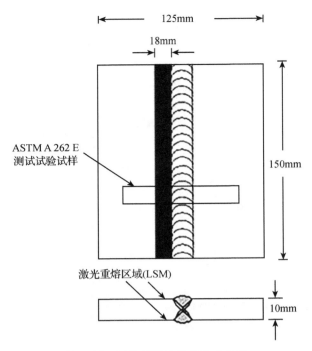

图 9.27 用于研究的试样尺寸示意图

程度(DOS)与对 IGC 的敏感性。经过激光处理的热影响区和未处理的热影响区分别称为 LSM-HAZ 和 N-HAZ。

在母材金属还有 N-HAZ 和 LSM-HAZ 的上下面上进行双回路的 EPR 试验,DL-EPR 测试结果如图 9.28 所示。固溶退火状态的母材金属 DOS 百分含量为 0.0003,而 N-HAZ 试样的上下面的 DOS 百分含量分别是 12.38 和 42,LSM-HAZ 试样上下表面的致敏性百分含量分别为 0.031 和 0.029。

图 9.29 对比了"N-HAZ"和"LSM-HAZ"试样的 DL-EPR 检测面。"LSM-HAZ"试样只有轻微的腐蚀晶界(相对于"N-HAZ"试样的重腐蚀晶界),这表明,在"LSM-HAZ"试样的晶界上 Cr 的消耗明显减少。

按照 ASTM A262 标准方法进行试验,结果表明,N-HAZ 试样的两个部分突然破碎成两块,与之形成鲜明对比的是,LSM-HAZ 试样则保持不开裂,如图 9.30 所示,测试结果如表 9.8 所列。

表 9.8 DL-EPR 和按照 ASTM A262 实践 E 测试的结果

试样	%DOS(DL-EPR 测试)	按照 ASTM A262 标准方法 E	
	下表面	上表面	
基体金属	0.0003	—	
未处理的 HAZ	12.38	42	断裂
激光处理的 HAZ	0.031	0.029	未断裂

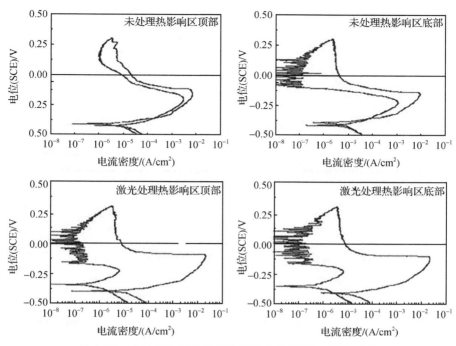

图 9.28　未处理和经处理后的热影响区的 DL-EPR 曲线

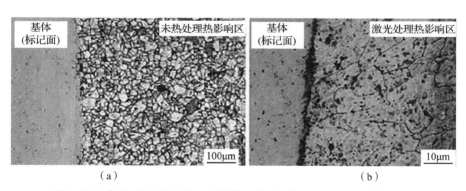

图 9.29　未处理(a)和激光处理热影响区(b)的 DL-EPR 测试表面图

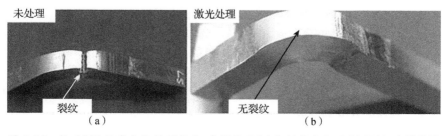

图 9.30　按 A262 标准方法 E 测试后,未经处理(a)和经激光处理(b)HAZ 试样结果

图 9.31 给出了在母材金属和激光表面重熔试样的 GBCD 测试结果,表明了在激光重熔试样中大部分晶界是通过熔化和再凝固引入的亚晶界。LSM 导致微观结构发生改变,使得有效的晶界能(EGBE)显著减少,从 1.12(母材金属)降到 0.459(激光重熔表面)。研究结果证实,LSR 对抑制 HAZ 敏化有显著的作用。所提出来的技术在提高腐蚀环境下服役,特别是加工企业中应用奥氏体不锈钢焊接构件的寿命有巨大的潜力。

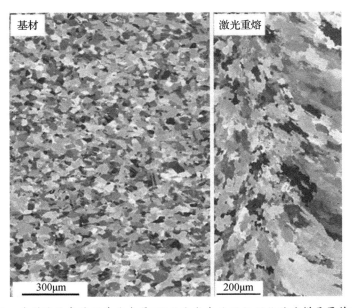

图 9.31　典型试验条件下基体金属(BM)和激光处理(LSM)的试样晶界特征分布

9.3.4　结果预测

304 奥氏体不锈钢的激光表面重熔处理已被确定为一种抑制其敏化和 IGC 的有效表面处理方法。抗敏化和抗 IGC 的提高主要归因于微观结构的改变,包括高百分比的小低角度晶界的产生。除了抗 IGC,该方法也可以用来抑制奥氏体不锈钢焊件的晶间应力腐蚀开裂。

9.4　汽车零部件的激光表面冲击强化以提高其疲劳性能

激光冲击强化(LSP)已成为一种新的工业化应用的技术用以提高工程零件的疲劳寿命和抗应力腐蚀裂纹(SCC)。该方法利用激光产生的冲击波使材料中产生较高的表面残余压应力。对比传统的喷丸处理(SP),LSP 具有更深的压缩层,并且压缩层只有少量的冷作硬化,更光滑的表面和良好的工艺控制。

9.4.1　用脉冲 Nd∶YAG 激光器进行激光冲击强化

本案例描述了对 6mm 厚淬火和回火状态下的 SAE9260 弹簧钢试样上进行激光冲击强化试验。在试样上用散焦的激光束扫描吸收层,同时在试样的表面保持一层流动的水,如图 9.32 所示。激光冲击强化试验产生了约 370μm 厚的压缩层,压缩层的表面应力范围为 300~450MPa,并且被处理表面的粗糙度和形态没有发生明显变化。LSP 产品具有相对较浅的强化层,但会大大提高疲劳抗性(表 9.9)。相对于 SP 试样,激光喷丸试样疲劳性能的提高归因于更光滑的表面和少量相关的冷作硬化,在瞬时过载的情况下可防止裂纹形核,从而提高机械稳定性。

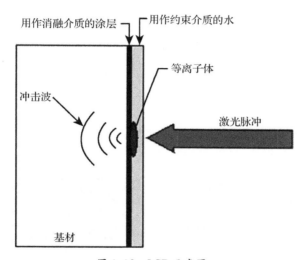

图 9.32　LSP 示意图

表 9.9　对比基体金属,喷丸和激光喷丸弹簧钢试样的表面粗糙度和疲劳性

试样	表面粗糙度/μm	在三点疲劳测试中($\times 10^5$)疲劳破坏周期数 $N_f(\sigma_{max}=750\text{MPa}, \sigma_{min}=225\text{MPa})$
基体金属	2.4~4.0	0.8~1.25
喷丸	4.4~8.6	1.7~19.15
激光喷丸	2.6~3.6	104、109 和 112

9.4.2　结果预测

激光冲击强化在延长疲劳和 SCC 环境下运行的部分损坏部件的寿命方面具有巨大的潜力。因为激光束传送具有灵活性,该方法可对工作在恶劣环境下的零部件进行预防性维护。另外,该方法也可用于生物医学植入物的表面处

理、测定涂层的结合强度、粉末冶金零件的表面致密化、非接触成型等。

9.5 CO_2 激光-GTAW 复合焊

复合焊(HW)结合了激光和电弧焊工艺,主要特性包括:①高稳定性和高效率降低裂纹敏感性和气孔的形成;②大大减小装配误差(>0.5mm);③较小的冷却速度,提高铁素体钢和奥氏体不锈钢的抗裂性;④改善高反射率和高导热率金属的焊接性。近期的研究主要集中在通过控制等离子体或熔池中的对流以提高焊接效率。

9.5.1 复合焊中钨极氩弧(GTA)与激光产生等离子体的相互作用

对 CO_2 激光-GTAW 复合焊 304 不锈钢进行研究,通过实时的等离子成像和光谱分析深入了解在 GTA 与激光产生等离子体间的相互作用。首先通过让氩气射流方向平行于基板并垂直于 LB 和钨电极组成的平面来建立钨极氩弧和激光产生的等离子体之间的有机耦合(图 9.33)。当激光功率密度为阈值($10^6 W/cm^2$)以上时,金属自身而不是通过电弧电流产生等离子。随着激光功率密度低于这一阈值,复合焊不能产生金属等离子,并且焊接停留在热导模式。相对于匙孔型激光焊,复合焊工艺更稳定。

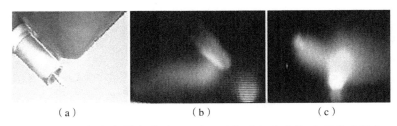

图 9.33 激光喷嘴/钨极装置(a);由于同轴的气体喷射,电弧偏离激光产生的等离子体(b);在氩气横吹条件下,耦合的电弧-等离子体(c)

图 9.34 比较了低温和高温复合焊接过程中的等离子图像,主要从热导型焊接向匙孔型焊接转变。

复合焊在 500~550nm 光谱范围内的金属等离子体和紫外线发射也会更强,如图 9.35 所示。

9.5.2 结果预测

激光产生的金属等离子体与钨极氩弧的相互作用会影响复合焊的动态。因此,对金属等离子体的控制是调控复合焊工艺动态的有效方法。这可以通过适当选择保护气体、调制激光功率,外加电场等来实现。

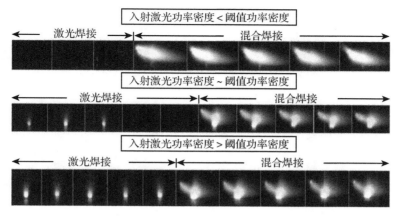

图 9.34　在 3 种不同复合轨迹中产生的等离子体对比
（在不同激光功率密度下的 LM 和 HW）

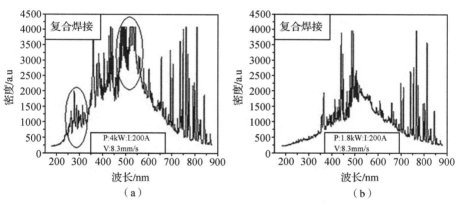

图 9.35　发射光谱对比
(a)HW 产生；(b)热导模式下产生。

9.6　金属板的激光型材切割

9.6.1　大功率调制激光穿孔提高型材切割效果

在穿孔的过程中,熔融材料在压缩气体喷射的力作用下向切割喷嘴爆炸喷射,这通常称为"爆破钻孔"。为了克服这个问题,通常可用的方法是在所需型材的区域外部穿孔,从而避免在切割型材留穿孔痕迹。

事实证明,在正常脉冲模式下(NPM–参阅图 9.36(a)),脉冲激光功率和惰性气体的结合可以减轻上述一些问题。但是惰性气体的使用明显增加了对激光峰值功率的要求。最近，通过开发一种可变脉冲功率模式（PRPM-参照图9.36）的 CO_2 激光穿孔技术。该 PRPM 技术在避免爆炸模式穿孔相关的许多问题上非常有效，并且在更好地控制现有的以 NPM 为基础的方法下，获得了更精细的穿孔。

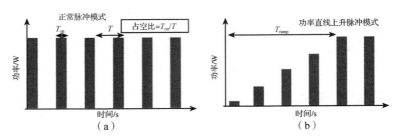

图9.36　输出激光功率示意图
（a）在正常脉冲模式下（NPM）；（b）在功率直线上升脉冲模式下（PRPM）。

图9.37比较了在 PRPM 和 NPM 下获得的激光穿孔。从图中可以看出，无论脉冲重复频率（PRF）如何，PRPM 所产生的穿孔都比 NPM 所产生的穿孔更圆，飞溅也更少。

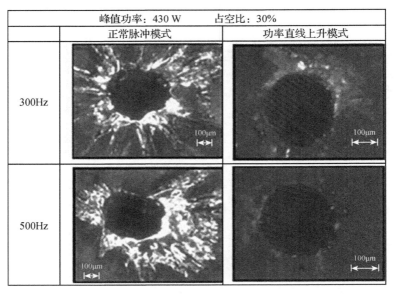

图9.37　30%占空比下300Hz和500Hz NPM 和 PRPM 模式下的激光穿孔示意图

穿孔的时间是一个重要参数，它能提供关于工艺动态过程的有用信息，并直接应用于自动化过程。通过在试样的上、下面放置两个光电二极管（对可见频谱范围敏感）测量穿孔时间（参照图9.38）。

图9.39(a)、(b)和(c)分别为在 PRPM、NPM 与爆炸模式穿孔中获得的光

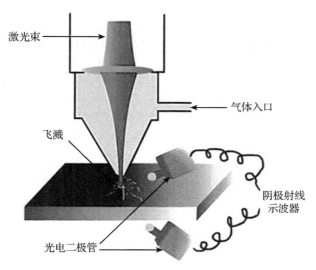

图 9.38　测试激光穿孔时间的实验设备示意图

电二极管信号。这些图像给出了不同穿孔模式所获得信号之间的显著差异。在 PRPM 中，激光超过一定的峰值功率，穿孔时间几乎保持不变。在 NPM 中，它随着入射峰值功率的增加单调减小。在给定的 NPM 加工条件下，穿孔时间在 200ms 或以上，加工趋于稳定并且不受一些无关的爆破穿孔影响。峰值功率的增加将减少穿孔时间，使得加工过程进入爆炸穿孔，这表现在一个宽的连续的光电二极管信号的形成，如图 9.39(c) 所示。

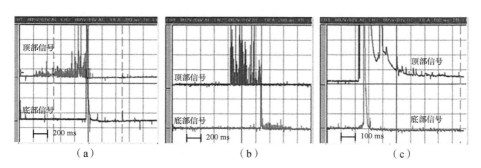

图 9.39　激光穿孔过程中通过 CRO 捕捉典型的光电二极管信号
(a)PRPM；(b)NPM；(c)爆炸穿孔。

9.6.2　激光功率调制对周期性功率波动的不利影响

该实验是用轴向偏振激光束在 TEM^{01*} 模式下开展的，峰值输出功率约 500W 和 800W，脉冲重复频率 100Hz、300Hz 和 500Hz，占空比为 30% 和 60%。对于所有在本研究中使用的脉冲重复频率，激光输出功率在 50Hz 频率下波动(图 9.40)。

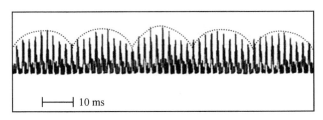

图 9.40　NPM 中 50Hz 调制下激光功率时间脉冲波形

图 9.41 给出了在 500W 峰值功率、30% 的占空比、不同的脉冲重复频率和切割速度下产生的激光切割边缘的宏观图。图中表明了在不同的脉冲重复频率下低的速度切割产生单一条纹,而在高的切割速度下条纹图案由贯穿整个工件厚度的粗大条纹组成。在切断面上部,每个粗条纹都嵌入了细小的条纹。根据对条纹间隔的测量,能够推断细小的条纹与 NPM 实验中使用的脉冲重复频率有关,而粗大条纹的形成是由于在激光功率中 50Hz 的周期性功率波动所致。

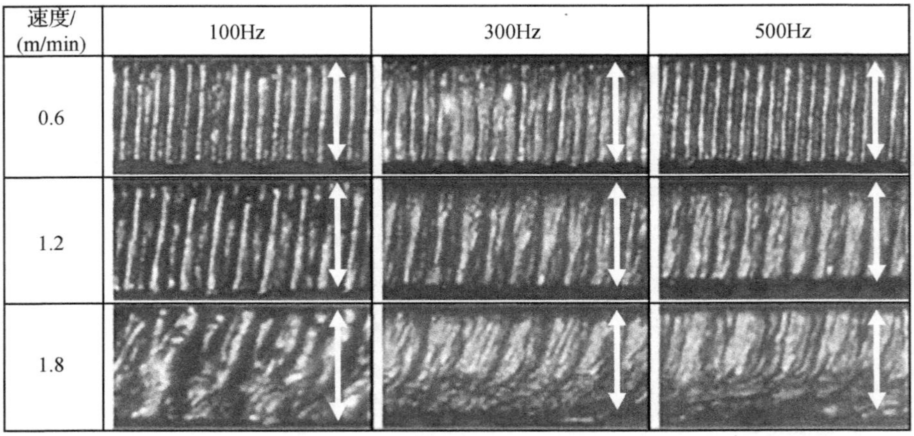

速度/ (m/min)	100Hz	300Hz	500Hz
0.6			
1.2			
1.8			

图 9.41　不同的脉冲重复频率和切割速度下激光切割边缘的宏观图

图 9.42 对比了在 NPM 和 CW 模式下产生的切割边缘的条纹形态。在 NPM 模式下,激光切割断面条纹均匀,紧密,无熔渣附着,切割边缘的表面粗糙度约 4μm。CW 激光切割试样的粗糙条纹如图 9.42(b)所示,切割边缘的下部黏附熔渣。在这种情况下,激光切割能量约为 $11J/mm^2$,这接近开始不受控燃烧的最大阈值(约 $13J/mm^2$)。本研究的价值是发现不受控制的固有激光功率波动对切割边缘质量有不利影响,这可以通过在 NPM 切割中使用最佳工艺参数来优化。

9.6.3　使用功率调制的激光切割来提高切边质量

图 9.43 所示为 NPM 功率调制和准连续模式(QCWM)下激光切割低碳钢板边缘条纹图案的实验。结果表明,在某一工艺参数范围内,在 1.5mm 厚低碳

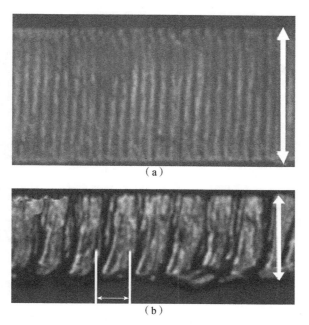

图9.42 不同工艺下激光切割边缘的比较
(a)NPM模式下;(b)CW模式下。

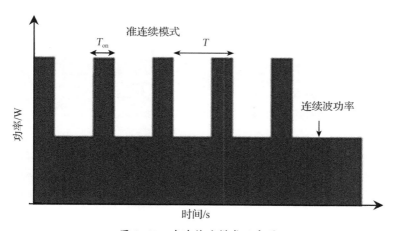

图9.43 准连续波模式示意图

钢板上能够获得条纹均匀的无熔渣切边。

图9.44对比了NPM和QCWM模式产生的激光切割边缘的形貌。在低的脉冲重复频率下,条纹清晰可见,而在高的脉冲重复频率下很难见到。

采用普通脉冲模式激光切割,在0.3m/min切割速度下,20J/mm² 切割能量能够产生有规律的条纹形态。在QCWM下,最大的切割速度能达到3.6m/min,而在NPM下切割速度只是1.2m/min。

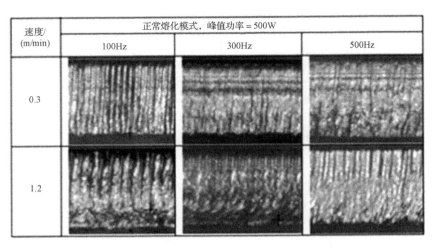

(a)

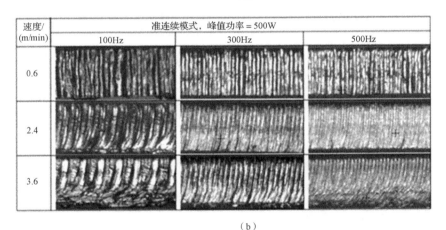

(b)

图 9.44　在 NPM 模式下得到的切割边缘(a)和在 QCWM 模式下得到的切割边缘(b)

激光切割边缘横截面的金相分析表明切口断面平整,其切口边缘的条纹也很均匀(图 9.45(a))。然而,条纹形貌不均匀的切割边缘,其底部呈现波浪纹。在高切割能量和高占空比条件下,激光切割边缘与底部材料的熔化和再凝固有关(图 9.45(b))。

9.6.4　中厚钢板激光辅助氧气切割

在传统的氧气辅助激光切割加工中,用 0.1～0.3mm 尺寸的聚焦激光束来熔化金属,随后通过氧气喷射吹离熔化的金属。在 3～4kW CW 激光功率下,切割 20mm 厚钢板能够得到好的切割边缘质量。当超过这个厚度时,切割边缘质量随着侧面燃烧和黏附在切割边缘的熔渣而变差。近期开发了以氧化能取

图 9.45 NPM 激光切割的横截面

(a)500Hz、60%占空比和 1.2m/min 下；(b)100Hz、30%占空比和 3m/min 下。

代激光能的激光辅助切割方法称为"激光辅助氧化切割(LASOX)"。

为了满足 LASOX 切割的基本要求,即产生高程度氧化,需要给切割区提供大量的高压氧气。LASOX 切割时,采用短焦距通用细孔将散焦激光传递到工件面,这是 LASOX 切割的必要条件。当然,要获得高质量的切割边缘,气体射流的动力也起着至关重要的作用。

为了提供均匀无发散的狭窄气流,相对于传统收敛喷管,超声速喷嘴是一种更好的选择。通过设计超声速喷嘴,能够在马赫数为 2、压力大约 7bar 下工作。脉冲模式下采用优化的工艺参数进行激光切割,其产生的光滑均匀的切口表面如图 9.46(a)所示。在相同的工艺参数条件下,采用连续激光切割使其切口光滑,但出现的切割沟槽大,如图 9.46(b)所示。

图 9.46 LASOX 在 NPM 模式下切割 25mm 厚的
钢板边缘图(a)和在 CW 模式下的边缘图(b)

LASOX 切割综合了激光切割(热影响区小、切割边缘锋利、没有上边缘熔化)和氧燃烧切割(使用加压氧气喷嘴易于切割厚型材,经济)的优点,提供了一种多功能且经济有效的切割工艺。鉴于此,LASOX 切割在船舶行业的应用中具有很强的潜力。

参考文献

[1] 林鑫,黄卫东. 高性能金属构件的激光增材制造[J]. 中国科学:信息科学,2015,45(9):1111-1126.

[2] BREMEN S, MEINERS W, DIATLOV A. Selective laser melting: a manufacturing technology for the future[J]. Rapid Manufacturing, 2012, 2: 33-38.

[3] LAWRENCE J, POU J, LOW D K Y, et al. Advances in laser material processing technology: technology research and applications [M]. UK: Woodhead Publishing

Ltd.，2010.

[4] 董世运，李福泉，闫世兴. 激光增材再制造技术[M]. 哈尔滨：哈尔滨工业大学出版社，2019.

[5] 桂东栋. 超声冲击处理对TC4钛合金表面组织性能的影响及其纳米化机理研究[D]. 西安：西安理工大学，2016.

[6] SHERIF S, JAWAHAR N, BALAMURALI M. Sequential optimization approach for nesting and cutting sequence in laser cutting[J]. Journal of Manufacturing Systems, 2014, 33(4): 624-638.

[7] 何秀丽，李少霞，虞钢. 激光先进制造技术及其应用[M]. 北京：国防工业出版社，2016.

[8] 于一强，张宝贵，杨琨. 激光切割技术在机械加工中的应用[J]. 现代制造技术与装备，2023，9：113-115.

[9] 鲁金忠. 先进激光制造技术[M]. 北京：机械工业出版社，2023.